これならわかる！

科学(かがく)の基礎(きそ)のキソ

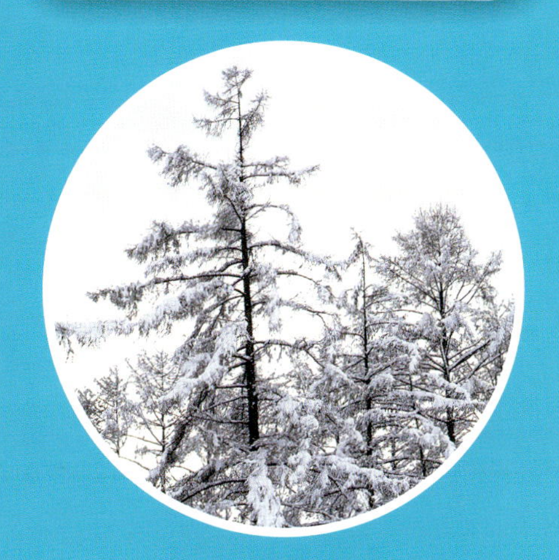

気象(きしょう)

監修／田代大輔　編／こどもくらぶ

丸善出版

はじめに

きみは、教科のなかで理科は好きですか。

下のグラフは、以前に文部科学省がおこなった
「教科の好き・きらい」についてのアンケートの結果で、
「とても好き」「まあ好き」の合計です。

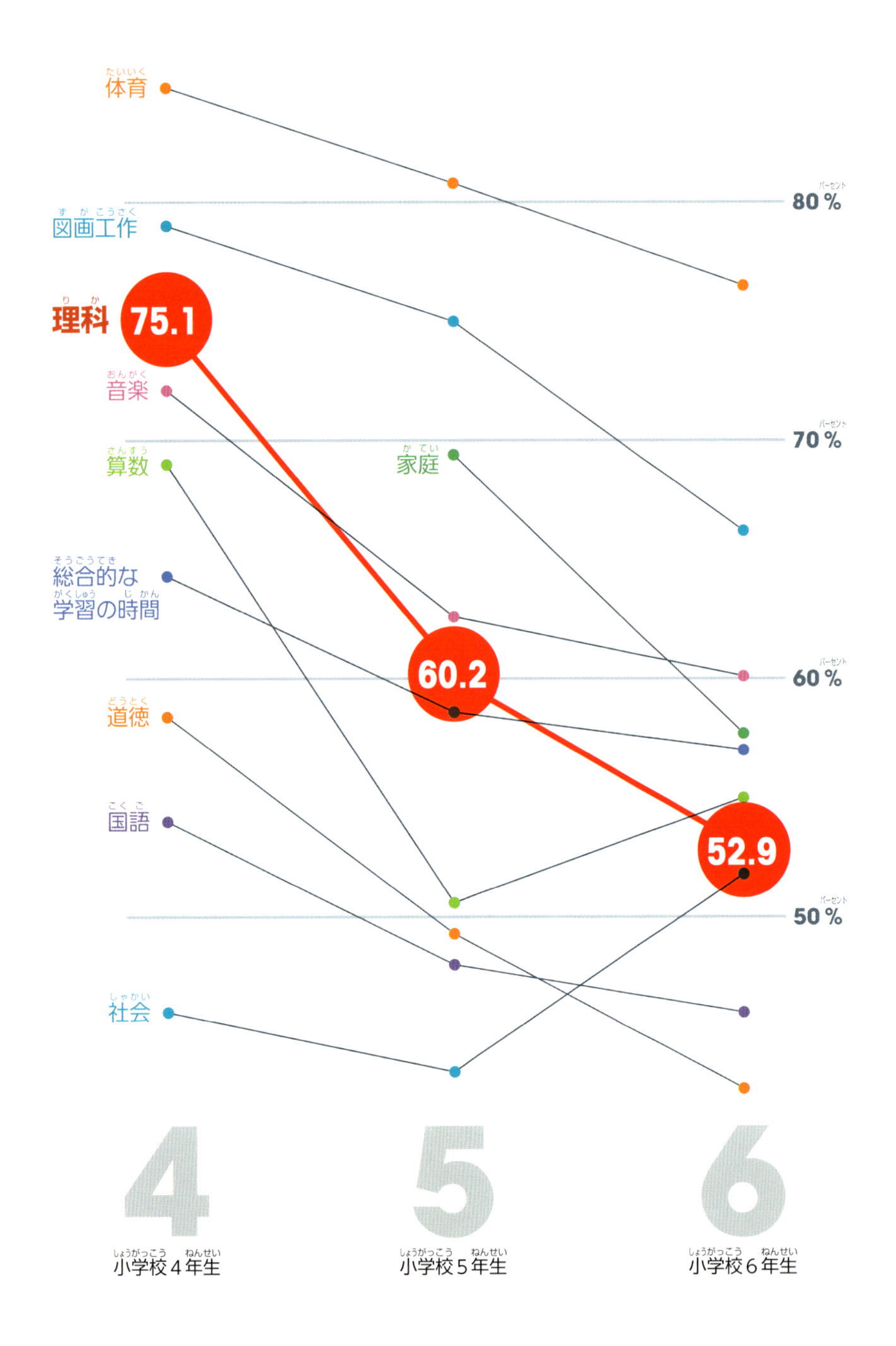

多くの教科は学年が上になるにしたがって、
好きと答える人が減っています。
とくに理科は、４年生で75.1％の人が好きと答えたのに対し、
６年生では52.9％。
全教科のなかでも一番大きく下がっています。

これにはいろいろ理由があります。
中学年で習う自然や動物などは、はだで感じながら学べますが、
高学年になると、宇宙や電気など、
目に見えない、自分の感覚で理解できないものになっていき、
そのせいで理科ぎらいが増えているのではないかといわれています。

晴れているのに雨がふっているように見える「お天気雨」は、
雨をふらせた雲が強い風などで流されて、雨が地上近くに
落ちてくるときには、雲が移動してしまっているために起こります。
このような気象の分野の学習でも、身近に起こること（現象）を
通して見ていくと、けっして理解できないものではありません。
それどころか、身近な物事のしくみや性質を
わかることができるようになると、日常の世界が、
いっそうおもしろく、ちがったものに見えてきます。

きみには、この本で理科を身近に感じ、
理科の魅力を発見してほしいと願っています。

こどもくらぶ

気象

目次

パート1 大気と気温の基礎のキソ

パート2 雲と降水の基礎のキソ

つかいかた

この本では、巻のテーマをさらに2つのパートに分けてくわしく解説しています。各パートごとに通し番号がついています。

青字：文中で青字になっている言葉は、巻末の用語解説ページでくわしく解説しています。

…の基準の1つ
…る停滞前線があ
…は、気象庁が…

見出し：この見開き、またはページでとりあげる要点をわかりやすくあらわしています。

○×クイズ：見開きにのっている内容に関するクイズです。答えは次のページ。解説はありませんが、内容をよく読めばわかるようになっています。

04 雨と雪は元は同じもの

雨は、空中にうかんでいられなくなった雲のつぶが、落ちてきたものです。落ちてくるとちゅうでとけると雨に、とけないと雪になります。

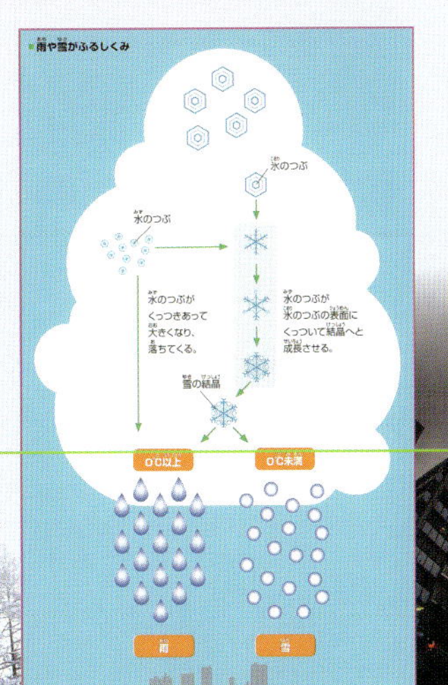

○×クイズ
「あられ」と「ひょう」は同じものだが、地域によってよびかたがちがう。○か×か？

○×クイズの答え：前ページの答えです。

もっとくわしく！：そのページの内容に関して、さらに専門的な内容をのせています。

理科年表マーク：理科年表を見ると、くわしいデータがわかるものを紹介しています。

おもしろじょうほう：見開きで解説している内容に関する歴史やエピソードを紹介しています。

最高気温・最低気温

コラム：
コラムでは、各パートのテーマに関係する身近な話題を紹介しています。

01 大気と温度

気象とは、大気のなかで起きている現象のことをいいます。大気は、温度の変化のしかたをもとにいくつかの層に分けられます。

気象とは?

そもそも「気象」とは、気温の変化や雨、風など、大気のなかで起きているさまざまな現象をあらわす言葉です。一方、気象現象によって、地表近くの大気にひきおこされる状態のことを「天気」といいます。つまり、「雲ができる」は気象を、「くもり」は天気をいっていることになります。

気象現象が起きるところ

さまざまな気象現象は、すべて大気のなかで起きています。大気とは、天体をとりまく気体をまとめていうよびかたで、とくに地球の大気を「空気」とよぶこともあります。

地球をつつんでいる大気全体の厚さは、地表から高度1000kmにも達します。地球をとりまく大気は、右の図のように「対流圏」「成層圏」「中間圏」「熱圏」の4つの層に分けられます。この4つをまとめて「大気圏」といいます。

大気は、上空にいくほどうすくなります。しかし、厳密に大気がどこまであり、どこからが「宇宙」になるということはできません。大気の99%は、上空わずか30kmより下側にあります。このため、宇宙から地球を見れば、気象現象は地表で起きていることのように見えます。とくに雨(→p32)や雪(→p32)、雷(→p34)といった、私たちにとって身近な現象は、地表から10kmほどの対流圏で起きています。

■大気圏の層

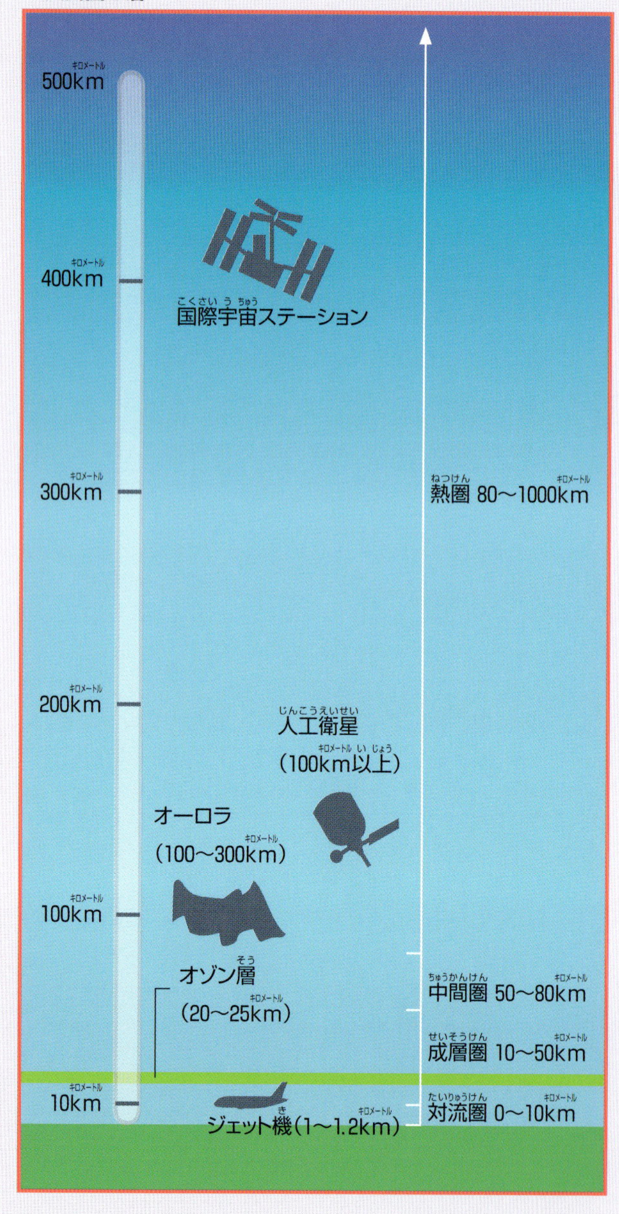

○×クイズ

温度は、高度が上がれば上がるほど下がる。○か×か？

高度と温度の変化の関係

地球の大気層の構造は、温度の変化のしかたを基準に分類されています。

地表から対流圏の上端（圏界面）までは、高度が上がるにつれて温度は下がっていきます。圏界面の高度は、対流の強さによって変わり、あたたかい低緯度では十数km、冷たい高緯度では８kmほどの高さになります。

逆に圏界面の上の成層圏では、高度50km付近まで温度が上がりつづけます。さらにその上の中間圏では、高度80km付近まで下がりつづけます。

■高度と温度の関係

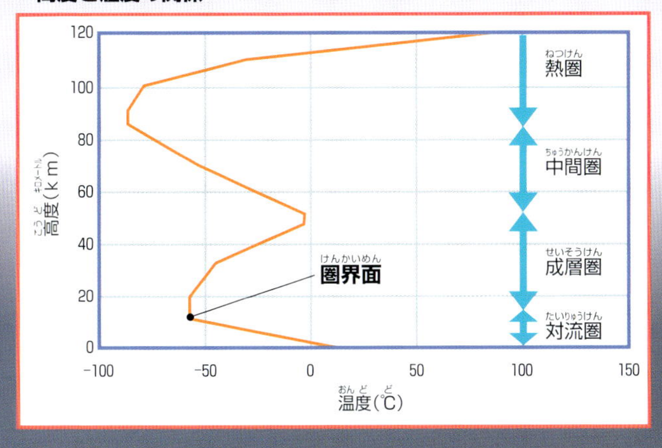

もっとくわしく！

温度分布の変化の原因

温度分布の変化が複雑な原因は、大気をあたためる熱源です。熱源は大きく考えて２つあり、１つは地表です。太陽からの光は大気を通過して地表に吸収され、熱になります。こうしてあたたかくなった地表が、大気をあたためるのです。

大気は、温度が上がるほど軽くなり、反対に温度が下がるほど重くなる性質があります。このため、あたためられた大気は上空にのぼり、逆に上空でひやされた大気は地表へとくだります。

熱源のもう１つは**オゾン層**です。上空でオゾンができたりこわれたりするときに熱が出るため、高度50km付近では温度が高くなります。

『理科年表』の気象部には、気温の高度分布についてくわしくのっています。

国際宇宙ステーションから撮影した雲。積乱雲が成長して対流圏の圏界面に達し、それより上にいけずに横に広がった状態。「かなとこ雲」とよばれる。

Photo: NASA

最高気温・最低気温

地球の気温は、場所によって大きくちがいます。
また、時期（季節）によっても大きな差があります。

●気温のあらわしかた

日本では、気温は「℃（摂氏温度）」という単位であらわされます。℃（摂氏温度）では、水を基準にしていて、水のこおる温度を0℃、沸とうする温度を100℃と決めています。

日本以外の国では、アメリカが「°F（華氏温度）」という単位をつかっています。°F（華氏温度）は人を基準にしていて、この単位ができた18世紀当時、人工的につくることのできたもっとも低い温度を0°F、健康な男性の体温を96°Fとすることが決められました。

摂氏は1742年にスウェーデンの天文学者である**セルシウス**が、華氏は1724年にドイツの物理学者である**ファーレンハイト**が考案したものです。日本では、それぞれ2人の名前を中国語で書いたときの1文字目をとって、摂氏、華氏とよばれるようになりました。

°F（華氏温度）を℃（摂氏温度）におきかえる場合は、

℃＝5÷9×（°F－32）

という計算でおこないます。

■摂氏と華氏の対応表

摂氏（℃）	華氏（°F）
0	32
5	41
10	50
15	59
20	68
25	77
30	86
35	95
40	104
45	113
50	122
55	131
60	140
65	149
70	158
75	167
80	176
85	185
90	194
95	203
100	212

デスバレー。山脈にかこまれた盆地になっている。

Photo: Josh Landis, National Science Foundation

ボストーク基地。現在はロシアとアメリカが共同で使用している。

●最高気温、最低気温はどうやって決める？

日本（気象庁）では、0〜24時までの1日を通して、一番低かった気温を「日最低気温」、一番高かった気温を「日最高気温」としています。

ただしテレビや新聞などでは、それぞれの放送や発行などの時間にあわせて、最高気温は0〜15時までのあいだに、最低気温は前日21時〜当日9時までのあいだに出た気温を用いることがあります。

このため、気象庁とテレビや新聞の発表とでは、数値がことなる場合があるのです。

●日本の最高・最低気温記録

日本の最高気温記録は、2013年8月12日に観測された高知県四万十市江川崎の41.0℃です。世界の最高気温記録は、1913年7月10日にアメリカのデスバレーで観測された56.7℃です。ここは「デスバレー（死の谷）」と名づけられていることからもわかるように、人間が生きていくのはきびしいほど暑いところです。

一方、日本の最低気温記録は、1902年1月25日に北海道旭川市で観測された、−41.0℃です。世界の最低気温記録は、1983年7月21日、南極にあるソビエト（現在のロシア）のボストーク基地で観測された、−89.2℃です。南極大陸は南半球の高緯度に位置する、雪や氷でおおわれた大陸です。氷の厚さが4000mになるところもあり、内陸部になるほど寒さがきびしくなります。南極大陸では、気象観測や地質研究など、調査がおこなわれていますが、人間がくらしていくことのできる環境ではありません。

『理科年表』の気象部には、日本の最高気温と最低気温の順位がのっています。

02 風をつくりだす気圧

大気には、重さがあります。私たちは、地球をとりまく大気から、つねに重さによる圧力を受けています。これを「気圧」といいます。

気圧とは

　気圧とは、大気の重さによって地表面にかかる圧力のことです。気圧の単位は、ヘクトパスカルであらわされます。地上気圧の平均値は1013.25hPaとされています（標準気圧とよばれています）。これは、1 m^{2}あたり約10 tの重さの空気が、地表に乗っているということになります。人さし指のつめの面積はおよそ1 cm^{2}なので、この面積には約1 kgの空気が乗っているのです。空気は**重力**によって地表に引きつけられています。

　気圧は、その地点より上にある空気の重さがおよぼす圧力なので、高度が上がると気圧は減少します。たとえば、高度がおよそ5.5km上がると、気圧は半分になります。旅客飛行機の飛ぶ高度11km付近では、およそ250hPa。高度50kmでは、1 hPa以下となります。

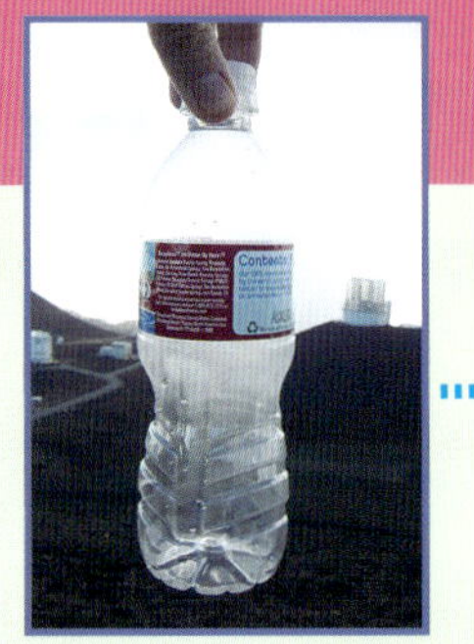

移動

標高の高いところ（気圧の低いところ）でふたを閉めたあと、標高の低いところ（気圧の高いところ）へ移動したときのペットボトルの変化。

　人体の表面積は、小学3〜4年生で約1 m^{2}です。普通乗用車1台が約1 tなので、小学3〜4年生にかかる空気の重さは乗用車10台分ということになります。ただし、深海にすむ魚が水圧でつぶれてしまわないのと同じように、人間も空気の層の底で生活するよう適応しているので、ふだんその重さを感じることはありません。

『理科年表』の気象部には、気圧の高度分布についてくわしくのっています。

○×クイズ

エレベーターに乗っているときに耳がつんとすることがあるのは、気圧の変化によるもの。○か×か？

気圧と風

空気には、あたたまったりひえたりすることで体積が大きくなったり小さくなったりする性質があります。このため、温度の影響で、場所によって空気の多いところと少ないところができます。まわりより空気の多いところを「高気圧」、少ないところを「低気圧」といいます。

空気は多いところ（気圧の高いところ）から空気の少ないところ（気圧の低いところ）へ流れます(→p24)。こうして動く大気の流れが「風」です。また、大気は冷たいところからあたたかいところへと移動する性質があり、このときにも風が起こります。

気象ではふつう、風は横（水平）方向に動く空気の流れのことをさします。上下の空気の流れは、「上昇気流」(→p24)、「下降気流」(→p24)とよんで、風と区別しています。

おもしろじょうほう エレベーターの気圧変化

高層のエレベーターで移動しているとき、耳がつんとすることがあります。これは、気圧の変化によるものです。耳の内部と外部は、鼓膜によってさえぎられ、ふだんは両側ともほぼ同じ気圧でたもたれています。しかし、高層ビルの高速のエレベーターなどで上下に一気に移動すると、急激な気圧の変化が起こります。このとき、耳の内部と外部に気圧の差が生じ、鼓膜が押されたりへこんだりするため、耳がつんとしたように感じるのです。

最近は、気圧の変化による耳の不快をおさえるシステムをそなえたエレベーターもつくられるようになっています。

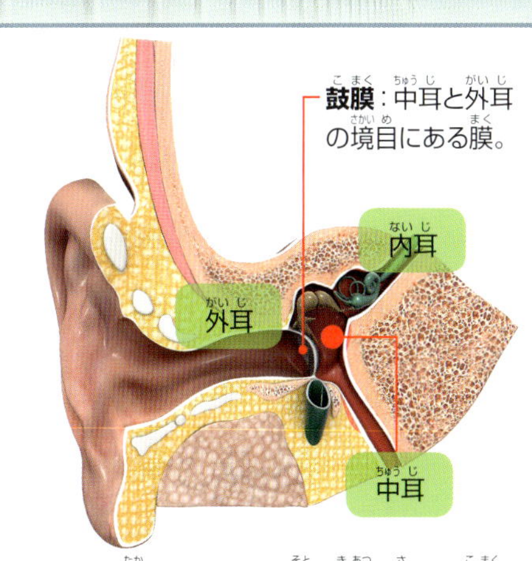

鼓膜：中耳と外耳の境目にある膜。
内耳
外耳
中耳

エレベーターで高いところへいくと外の気圧が下がる(鼓膜の内側の空気がふくらみ、鼓膜は外にはりだす)。エレベーターで低いところへいくと外の気圧が上がる(外の空気におされ、鼓膜が内側におされる)。

03 いろいろな風

温度のちがいは空気の循環を生み、
風をつくりだします。

季節風

温度差が原因で生じる空気の流れは、身近な天気現象にも見られます。たとえば、夏の日本列島には南よりのあたたかくしめった風がふくことが多くあります。一方、冬は冷たい北西の風がふきこみます。このように1年周期で入れかわる風を「季節風」といいます。

季節風を生みだしているのは、日本をとりかこむ海と大陸の関係にあります。海水は「熱しにくく冷めにくい」性質があります。それに対して、大陸をおおっている土や大陸をつくる岩石は、「熱しやすく冷めやすい」という性質をもちます。そのため、夏には大陸があたたかくなり、海はそれにくらべて冷たくなります。あたたかい空気は冷たい空気よりも軽いという性質があり、あたためられた大陸の空気は上空に上がり、上空を海に向かって流れます。地上では、逆に海から大陸に向かう風が生まれます（右図の上）。

日照が少なくなる冬は、大陸はすぐに冷めてしまいます。一方、海水はなかなか冷めないので、大陸より海のほうがあたたかくなります。上空では海から大陸へ、地上では大陸から海へ風がふきだします（右図の下）。

■温度差がつくる季節風

○×クイズ

梅雨をもたらす季節風の別名はモンスーンという。○か×か？

梅雨をもたらす季節風

日本や朝鮮半島、中国などに雨季（雨の多い時期）をもたらす大きな原因の1つは、インド洋からヒマラヤ山脈方向にふきこむ季節風です。「モンスーン」ともよばれ、高温でしめった空気が遠く日本までやってきます。

一方、冬には北西からの冷たい季節風がふきます。日本海側にふきこんだ冬の季節風は、日本海から水分の補給を受けて日本海側に大雪をもたらします。

季節風（モンスーン）がもたらした雨のふるメコン川（ベトナム）。

もっとくわしく！

海陸風

季節風と同じような現象は、季節ごとでなく、1日周期でも起きています。

日中は陸地があたたまり、海から陸に風がふきます（海風）。夜になると陸地は冷やされ海のほうがあたたかくなるので、陸から海に風がふくようになります（陸風）。この1日周期で入れかわる風を「海陸風」といいます。

■海風、陸風のできかた

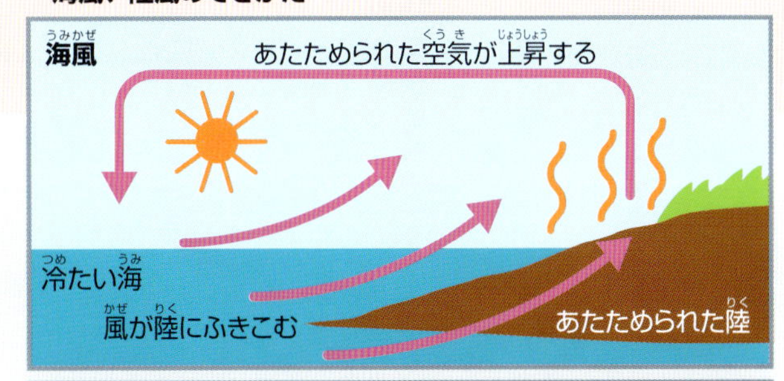

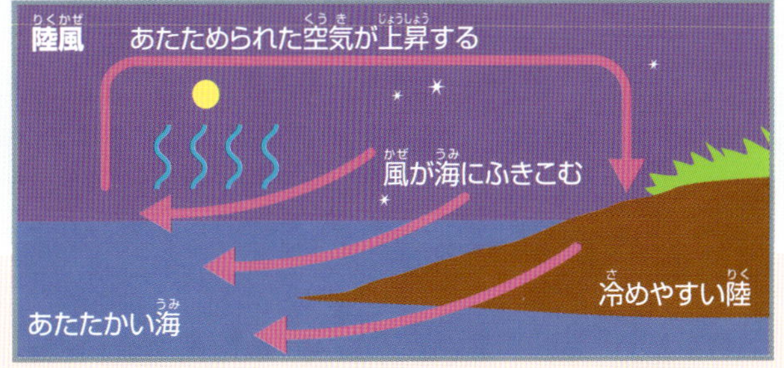

04 地球をめぐる大気の流れ

**身近に感じる風とは別に、地球規模でめぐる大気の流れがあります。
これを「大気の大循環」といいます。**

3つの循環

地球が受ける太陽からの熱は、緯度によって受けとりかたがかわります。赤道付近はあたたまる量が多く、北極や南極に向かうほどあたたまる量は少なくなります。このため、よりあたたまる赤道付近の空気が上昇気流となり、上空では低緯度から高緯度へ空気が移動することになります。地表付近では、上空とは逆に、高緯度から低緯度に向かって空気が移動していきます。

太陽の熱から生まれる温度差によって、地球上では巨大な規模で大気が移動しています。このような大気の流れを「大気の大循環」といいます。

赤道付近で上昇した大気は、緯度30度付近で下降します。この循環を「ハドレー循環」といいます。一方高緯度では、極付近で下降、緯度60度付近で上昇する「極循環」があります。さらに、中緯度では、ハドレー循環と極循環に回されるようにして起きる、「フェレル循環」が見られます。

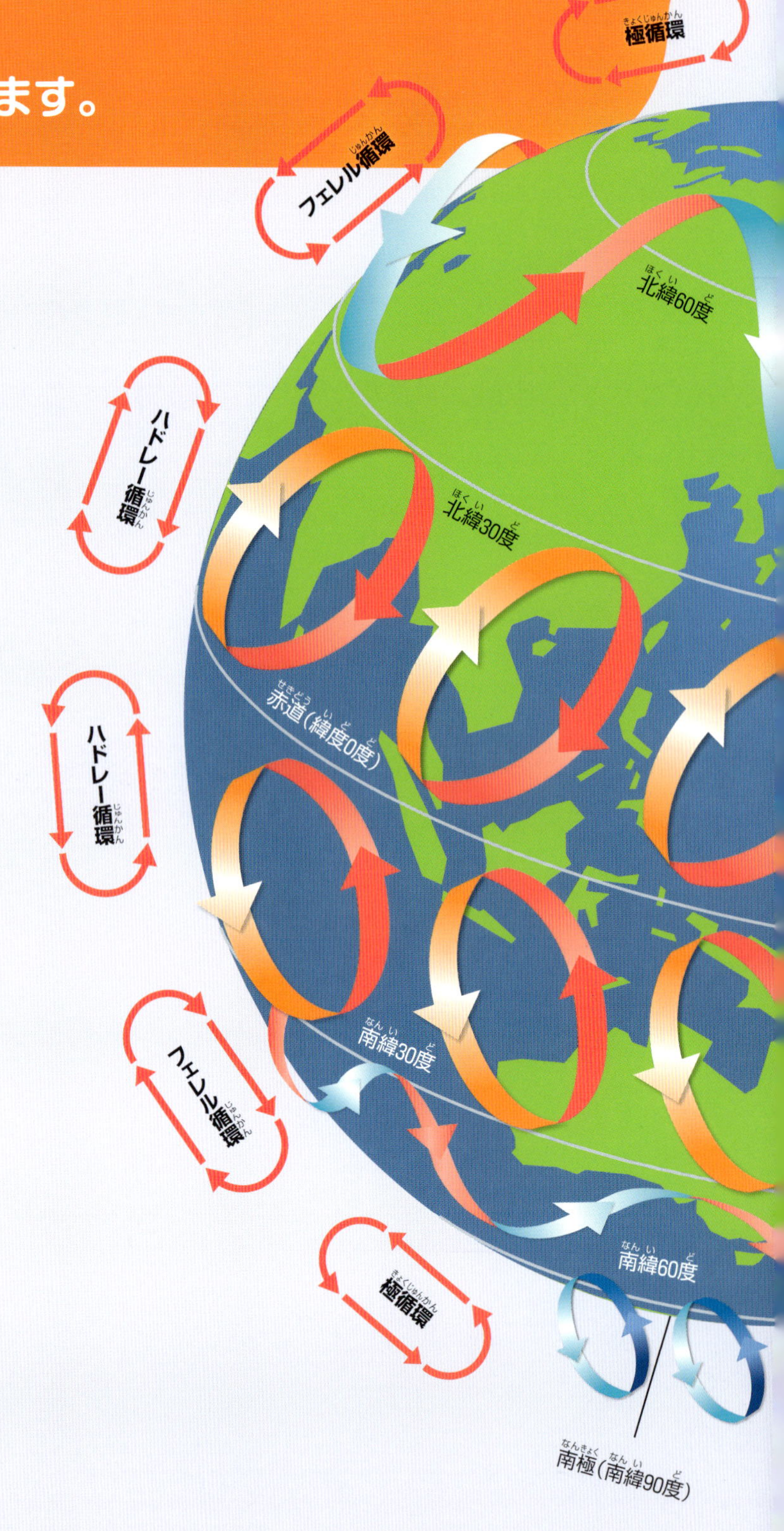

おもしろじょうほう　ハドレー循環

ハドレー循環は、1735年にイギリスの法律家であるハドレーが発見しました。ただしハドレーは、地上付近の風は北半球では北風となると考えていました。しかし実際には、低緯度には東風（貿易風）、中緯度には西風（偏西風）がふいています。これは、地球が自転をしている影響（コリオリの力→右ページ）によるものです。

○×クイズ

台風やハリケーンのうずは、南半球では反時計回りになる。○か×か？

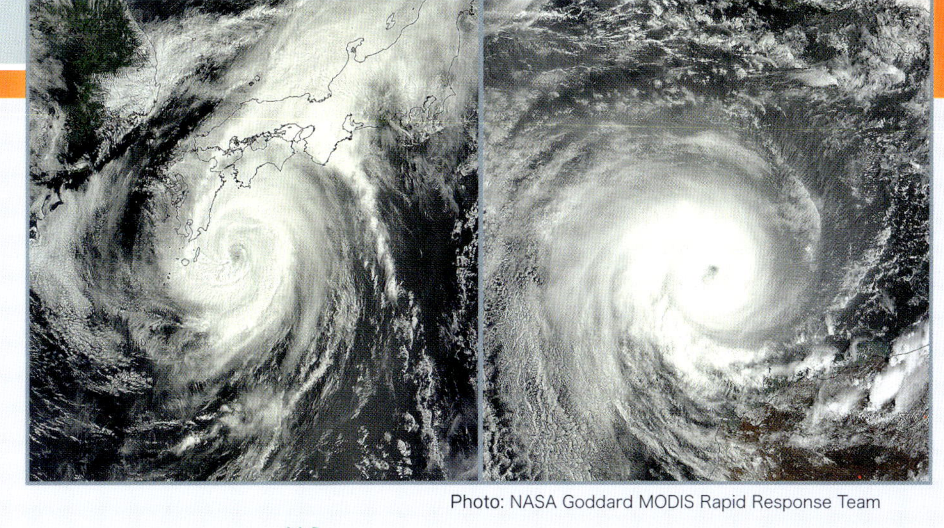

Photo: NASA Goddard MODIS Rapid Response Team

北極（北緯90度）

コリオリの力

地球は、地軸を中心に回転しています（自転という）。このため地球上では、すべてのものが自転による影響を受けています。大気の流れもまた、自転の影響を受けていて、流れる方向が曲がっているように見えます。これを「コリオリの力」といいます。コリオリの力は、物体の進行方向に対し、北半球では右側に、南半球では左側に運動の方向を曲げるような力として見えます。

たとえば、台風やハリケーンなどの熱帯低気圧（→p36）は気象衛星などの画像では、うずをまいているように見えますが、これもコリオリの力による作用です。上の写真は、北半球（左、反時計回り）と南半球（右、時計回り）に発生した熱帯低気圧のようすです。うずのまきかたが逆なのがよくわかります。

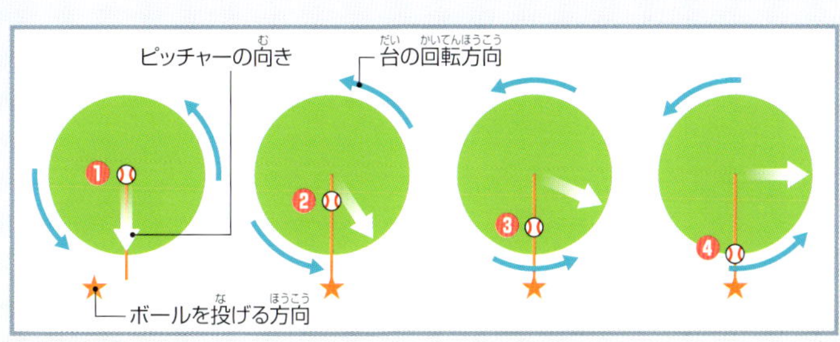

1
2
3
4
ピッチャーから見えるボールの軌跡

もっとくわしく！

コリオリの力を体験？

コリオリの力がはたらいていることは、規模が大きすぎてふだん私たちが意識することはできません。

メリーゴーランドや回転する遊具の中心から、ボールを投げるとします*。このとき、ボールを真正面に投げたつもりでも、手をはなれたボールが進むにつれ自分自身が回転してしまうので、ボールの位置はどんどん真正面からずれていきます。回転する台の外から見るならば、ボールはまっすぐ進んでいるのが、台に乗った観察者からはボールの軌道はどんどんずれていくように見えてしまいます（上の図）。実際にはまっすぐ進んでいるものを回転しながら見ることで、あたかも運動の方向を曲げる力がかかっているように見えます。これが「コリオリの力」です。

＊危険なので実際にやらないでください。

05 大気の大循環のつくるもの

地球の大気がいくつかのブロックに分かれて動いていることは、気候や海流にも大きな影響をあたえています。

ハドレー循環がつくる「湿」と「乾」

低緯度で起きる循環のハドレー循環は、3つの循環のなかでもっとも強い循環です。ハドレー循環のつくる貿易風(→p22)は、赤道付近で上昇気流をつくります。このエリアを「熱帯収束帯」といいます。上昇した空気は雲をつくり、雨をふらせます。ここでは、積乱雲(→p31)が発達して雨のふりやすい場所となります。

上昇した空気は、対流圏の上端に達すると、それ以上は上昇できなくなり、中緯度に向かいます。すると、コリオリの力の影響で北半球では右へ（南半球では左に）空気がねじまげられ、緯度30度付近で真横を向いてしまいます。

つまり、このあたりの上空に空気がたまることになるので、高気圧となって地上では空気はここからふきだします。同時に、下降気流が生じます。空気は下降すると温度が上がり、湿度が下がります。つまり、この付近は晴天がつづいて乾燥した場所となります。このエリアを「亜熱帯高圧帯」といいます。

南アメリカ、アマゾンの熱帯雨林。

○×クイズ

赤道付近では、1年中暑く、雨の多い時期がつづく。○か×か？

北アフリカのサハラ砂漠。

大気の大循環と気候

大気の大循環は気候にも影響しています。「気候」とは、1年を1つのリズムとしてくりかえす、大気の平均的な状態のことをいいます。

熱帯収束帯の直下は、あたたかく降水量が多くなり、熱帯雨林という濃密な森ができます。このような気候を「熱帯雨林気候」とよびます。一方、亜熱帯高圧帯の直下では、降水はとぼしく、乾燥して高温の気候となります。この帯は世界の砂漠分布とよく一致しています。このような気候を「砂漠気候」とよびます(→p20)。

これらの帯は1年周期で南北に上下して、日射のもっともよくあたる場所（熱帯収束帯）の位置も南北に移動します。

赤道からはなれると、熱帯収束帯がやってきたり、亜熱帯高圧帯がやってきたりして、雨季と乾季がはっきりとした気候となります。そのなかでも赤道に近いところでは、雨季に多くの降水が見られ、「サバナ」とよばれる乾燥に強い樹木がまばらに分布する草原地帯をつくります。このような気候を「サバナ気候」といいます(→p20)。さらに赤道からはなれると、亜熱帯高圧帯の影響が強くなり、雨季にもあまり雨がふらなくなります。すると、「ステップ」という、樹木が少なく、背の低い草におおわれた平原をつくります。このような気候を「ステップ気候」とよびます(→p20)。

このように、熱帯収束帯と亜熱帯高圧帯のぶつかりあいから、熱帯雨林気候、サバナ気候、ステップ気候、砂漠気候ができるのです。

■地軸のかたむきのため帯の位置は変化する

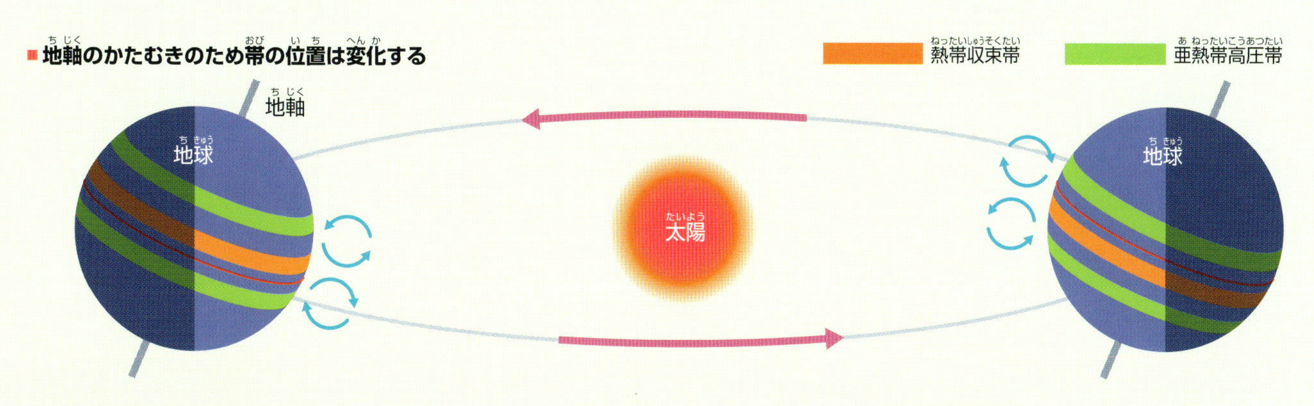

06 熱をはこぶ海流

大気の流れは、海水の流れ（海流）もつくりだしています。海流は熱をはこび、気候に大きな影響をあたえています。

風がつくる海流

海水は、地球をまわりめぐっています。これを「海流」といいます。海流の原動力の１つは、風です。風によって海水が引きずられるため、海流ができるのです。

低緯度では、貿易風が赤道近くの海水を、東から西へ引きずっていきます。中緯度では、偏西風が海水を西から東へ引きずります。

もし大陸がなければ、南極環流のように地球をぐるっとひと回りするような海流となることでしょう。しかし、海流は陸地にぶつかって大きな南北の環流をつくります。北太平洋では、赤道付近の強い東からの海流が、ユーラシア大陸東岸にぶつかって北上し、黒潮となります。同じように北大西洋では、北アメリカ大陸にぶつかった東からの海流は、メキシコ湾流へ、さらに北大西洋海流となってヨーロッパ北部にまで達します。黒潮とメキシコ湾流は、世界でも最大規模の海流で、幅100km程度、速度は最大で7～9km/時にも達します。

黒潮と親潮の境目（水平線の下の色が変わっている部分）。

©JAMSTEC

○×クイズ

黒潮も親潮も暖流である。○か×か？

風と海水がつくる気候

海流には、まわりの海面水温より水温の高い「暖流」と、水温の低い「寒流」があります。海水は熱をたくわえる能力が高く、暖流は、低緯度であたためられた熱をはこぶ役割もはたしています。

たとえば、暖流である黒潮に接した日本列島の本州は、最北端の青森県までほぼ温帯です（→p21）。それに対し、ユーラシア大陸東岸の北京は、青森とほぼ同じ緯度でありながら冷帯に属しています（→p21）。

また風も、暖流上に発生するあたたかい空気をはこびます。このことは、北大西洋海流の熱を偏西風がはこぶ、ユーラシア大陸西岸ではっきりとあらわれます。フランスの首都パリ（北緯49度）は、年平均気温が11.7℃で温帯です。一方、ほぼ同じ緯度で大陸東岸に位置するロシアの都市ハバロフスクは、年平均気温が2.3℃で冷帯に属し、大きな差があることがわかります。

このほかにも、冷帯や寒帯がほとんどの緯度60度以上の地域で、アイスランド西岸、スカンディナビア半島西岸などが、海流と風の影響で温帯になっています。

もし、風や海流がなければ低緯度と高緯度の温度差はもっとはげしいものとなっていたでしょう。赤道直下から極域まで生物あふれる環境がたもたれているのは、冷たい空気とあたたかい空気の交換を、風と海流がになっているおかげなのです。

ケッペンの気候区分

世界の地域は、降水量や気温などをもとに、いくつかの気候帯に分けることができます。分けかたはいくつかありますが、もっとも広く用いられているのが「ケッペンの気候区分」です。

●熱帯

もっとも寒い月の平均気温が18℃以上のところ。1年を通して樹木が生育できる。降水量や時季によって、次の2つに分けられる。

熱帯雨林気候：1年を通じて大量の雨がふる。

サバナ気候：「雨季」と「乾季」がはっきり分かれる。

●乾燥帯

樹木が育たないほど乾燥したところ。降水量によって、次の2つに分けられる。

砂漠気候：1年を通して雨がほとんどふらない。

ステップ気候：短い雨季があるが、乾季が長く、降水量は少ない。

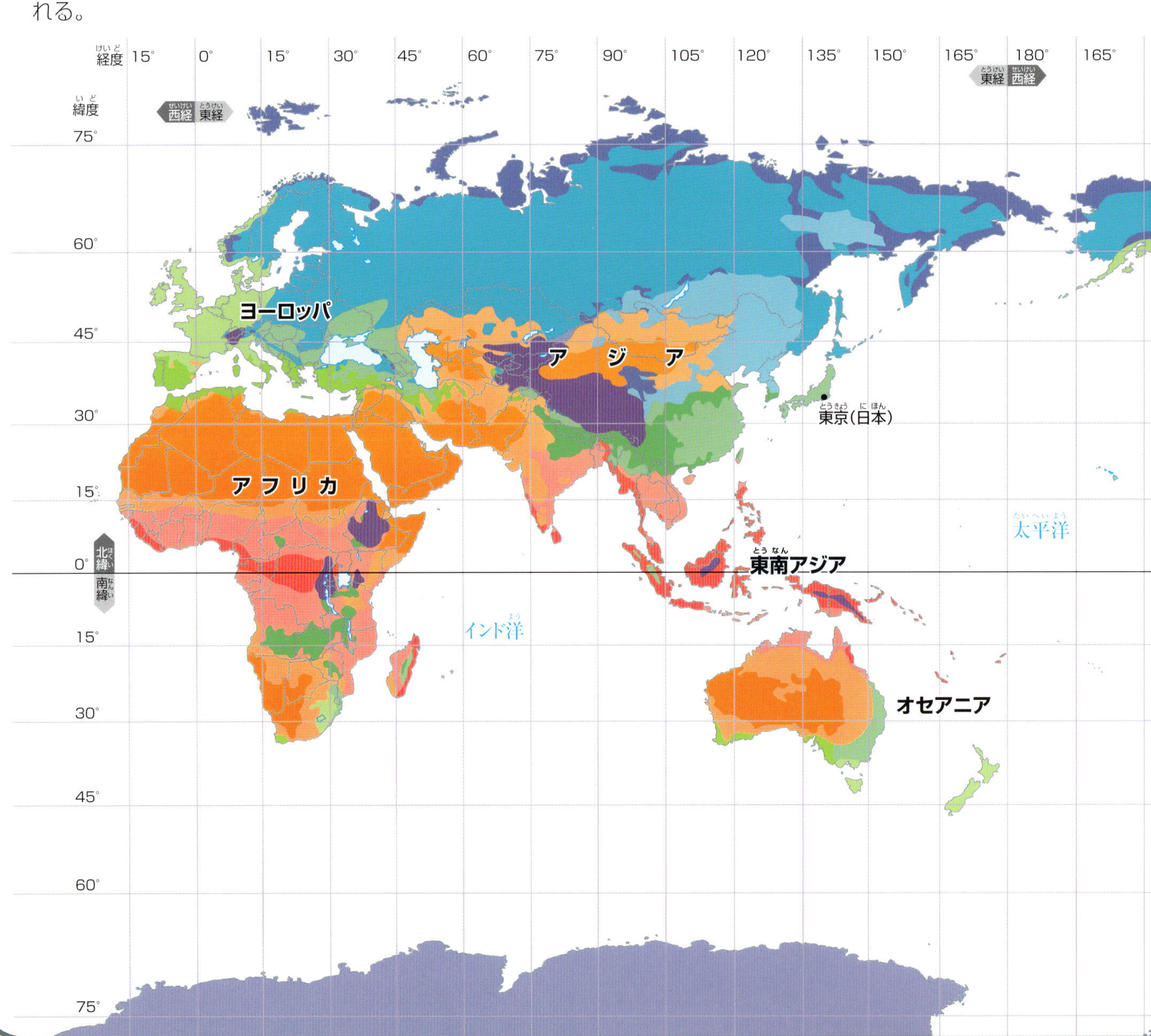

●温帯

もっとも寒い月の平均気温が－３℃以上で、18℃未満のところ。季節の変化が見られ、気温や降水量の特徴によって、次の４つに分けられる。

地中海性気候：夏は乾燥し、冬に雨が多くふる。

温暖冬季少雨気候：夏は気温が高く、雨が多くふる。冬の寒さはきびしくなく乾燥する。

温暖湿潤気候：１年のうち、もっともあたたかい月の平均気温と、もっとも寒い月の平均気温の差が大きい。夏は気温が高くなり、雨が多くなる。

西岸海洋性気候：夏はすずしく、冬の寒さはきびしくない。１年を通じて適度に雨がふる。

●冷帯

もっともあたたかい月の平均気温が10℃以上で、もっとも寒い月の平均気温が－３℃未満のところ。冬が長く寒さもきびしいが、夏のあいだ樹木が育つ。降水量の季節変化によって、次の２つに分けられる。

冷帯湿潤気候：あまり量は多くないものの、１年を通して降水がある。

冷帯冬季少雨気候：夏に雨が多く、冬は雨や雪の量が少なく、乾燥する。

●寒帯

もっともあたたかい月の平均気温が10℃未満のところ。生きものにとってはきびしい環境で、樹木が育たない。気温によって、次の２つに分けられる。

ツンドラ気候：もっともあたたかい月の平均気温が０℃以上で10℃未満。

氷雪気候：もっともあたたかい月の平均気温が０℃未満。

●高山気候

標高の高い地域に特有のすずしい気候。温帯では標高2000m以上、熱帯では標高3000～4000mの高地に見られる。

『理科年表』の気象部には、世界各地の気温や降水量の平年値がのっています。

熱帯	熱帯雨林気候
	サバナ気候
乾燥帯	砂漠気候
	ステップ気候
温帯	地中海性気候
	温暖冬季少雨気候
	温暖湿潤気候
	西岸海洋性気候
冷帯	冷帯湿潤気候
	冷帯冬季少雨気候
寒帯	ツンドラ気候
	氷雪気候
高山気候	

07 偏西風、貿易風、偏東風

地球には、コリオリの力の影響で、1年中一定方向にめぐっている風があります。この風は緯度によってことなる向きにふいています。

3つの風

地球をめぐる風は、緯度によって風向きがちがっていて、北半球では下の図のように大きく3つに分かれています。

赤道から北緯30度付近までは「貿易風」とよばれる東風がふいています。貿易風は、ハドレー循環による上昇気流が、北から南に向かうときにコリオリの力によって右に曲がり、北東からの風となったものです。もともと「貿易風」という言葉は、船をつかった貿易がさかんだった時代に誕生しました。15世紀末に新大陸を「発見」したとされる**コロンブス**も、スペインから大西洋をわたるときには貿易風を、かえるときには偏西風を利用したといわれています。

北緯60度付近から北極付近では「偏東風」とよばれる東風がふいています。

北緯30度付近から北緯60度付近では、貿易風、偏東風とは逆向きの「偏西風」が、西から東へ向かってふいています。

■北半球の場合

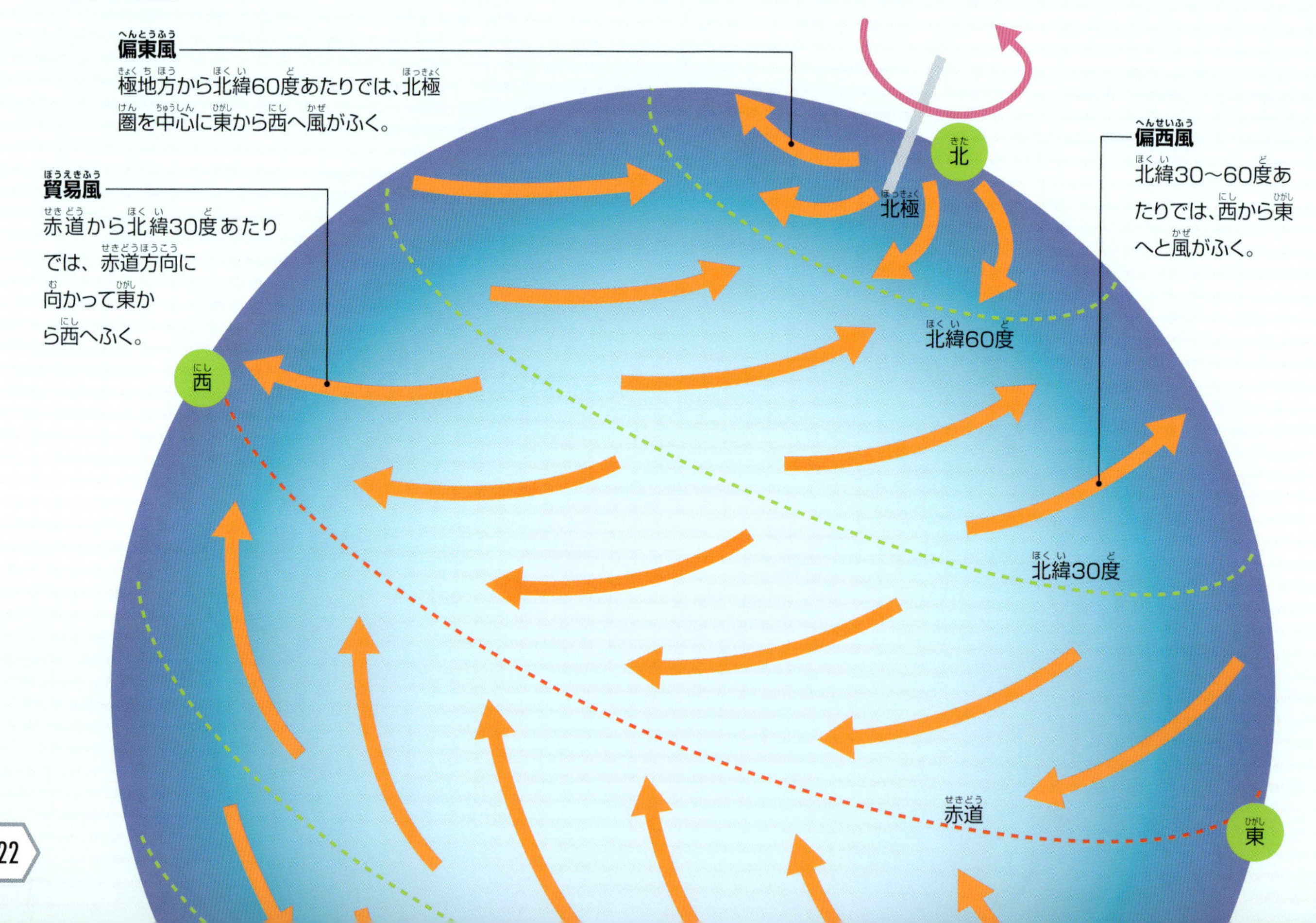

偏東風
極地方から北緯60度あたりでは、北極圏を中心に東から西へ風がふく。
貿易風
赤道から北緯30度あたりでは、赤道方向に向かって東から西へふく。
偏西風
北緯30〜60度あたりでは、西から東へと風がふく。
北
北極
北緯60度
西
北緯30度
赤道
東

○×クイズ

航空機でサンフランシスコから日本へいく場合、ジェット気流を利用すると、日本からサンフランシスコへいく場合よりはやく着く。○か×か？

■ジェット気流のできかた

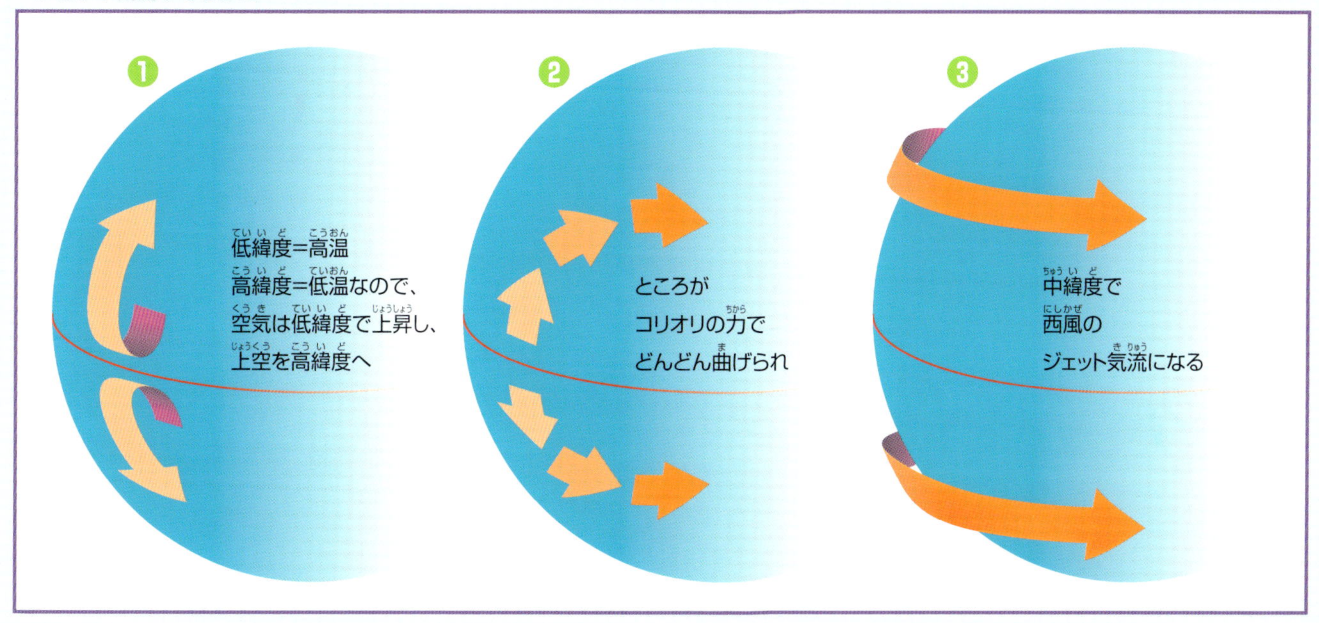

①
低緯度=高温
高緯度=低温なので、
空気は低緯度で上昇し、
上空を高緯度へ
②
ところが
コリオリの力で
どんどん曲げられ
③
中緯度で
西風の
ジェット気流になる

ジェット気流

偏西風のとくに地表からおよそ10kmの高さのところでは、「ジェット気流」とよばれるはげしい風がふいています。

ジェット気流は上空で低緯度のあたたかい空気が高緯度にはこばれるときに、コリオリの力(→p14)によって方向を変えられることでつくられます。低緯度から高緯度に向かう空気が、北半球では右に曲げられ、南半球では左に曲げられ、結果、どちらも強い西風（偏西風）となります。

ジェット機は、運航時にジェット気流をうまく利用することで、効率よくとぶことができます。たとえば、日本からアメリカ西海岸のサンフランシスコにいく場合、ジェット気流の追い風を利用することで、9時間ほどで到着します。逆に、サンフランシスコから日本へ向かうときには、逆風になるのでジェット気流をさけて飛行しなくてはならず、11時間ほどもかかってしまいます。

おもしろじょうほう ジェット気流の観測

ジェット気流は、第二次世界大戦中に日本を空爆しようとした爆撃機が予想外の強い向かい風のせいで燃料不足になり、途中で引きかえさなくてはならなくなったことから発見されました。現在、風船にセンサーと発信器をつけたラジオゾンデをつかった観測がおこなわれています。

写真提供：気象庁

ゾンデ放球（札幌管区気象台）

08 ジェット気流がつくる低気圧、高気圧

天気予報で、低気圧では雨や雪がふり、高気圧では晴れるといわれます。日本の天気は、上空のジェット気流が鍵をにぎっています。

気流と気圧

空気は高気圧のところから低気圧のところへ流れます。低気圧のなかでは、風が外から中心に向かって、うずをまきながらふきこんできます。そして、中心に集まった空気は「上昇気流」となって空へ上がっていきます。上昇気流が起きると雲ができ、この雲が発達するとやがて天気はくずれていきます。

逆に、高気圧のなかでは、風は中心から外側に向けてふきだし、なかの大気がうすくなります。すると、その穴をうめるように上空から空気がおりてきます。

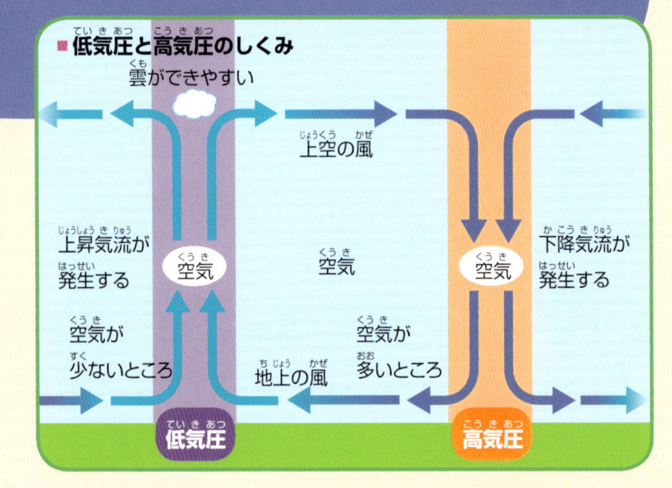

■低気圧と高気圧のしくみ

この空気の流れが「下降気流」です。高気圧のなかで下降気流が生じているところでは、雲のない、晴天になります。

■ジェット気流の蛇行と地上の高気圧、低気圧

もっとくわしく！

ジェット気流の影響

ジェット気流は、南北方向に波うって（蛇行して）流れています。北半球では、ジェット気流が北から南に張りだしたところを「気圧の谷」、逆に南から北に張りだしたところを「気圧の尾根」とよびます。

ジェット気流を境に温度が急変し、気圧の尾根から、気圧の谷にかけて冷たいかわいた空気が入りこんできます。冷たいものは重いという性質があるので、下におりてくる、つまり、気圧の尾根の東側では下降気流の場となります。上空から空気がどんどんもたらされるので、地上では空気があまって高気圧となります。

逆に気圧の谷から気圧の尾根にかけては、あたたかいしめった空気が南から流れこみやすくなります。あたたかい空気は軽いという性質があり、気圧の谷の東側では、上昇気流の場となります。この上昇気流によって地上付近の空気が上空にはこばれてしまうので、地上では低気圧の状態となります。

このようにして、ジェット気流の蛇行によって、気圧の尾根と気圧の谷ができ、気圧の尾根の東側には高気圧、気圧の谷の東側には低気圧が発生します。ジェット気流の尾根と谷は、じょじょに東に進んできます。そのため、これらの高気圧や低気圧も東に進んでいきます。日本の天気が西から東に変化していくのは、ジェット気流が大きく関係しているのです。

○×クイズ

日本の天気は、西から東へと変化しやすい。○か×か？

温帯低気圧

ジェット気流がつくる低気圧を「温帯低気圧」といいます。低気圧のなかでは上昇気流によって温度が下がり、空気にふくまれる水蒸気がひえて雲(→p28)となり、それが発達すると雨や雪となって落ちてきます。

また、まわりの空気は低気圧の中心に向かってふきこみます。このとき、空気は低気圧の中心に対してまっすぐにはふきこまず、コリオリの力の影響で北半球では反時計まわりのうずをつくります。ここでは、南のあたたかい空気と、北の冷たい空気がぶつかりあいます。温帯低気圧の西では、冷たい空気があたたかい空気の下にもぐりこみ、寒冷前線(→p31)をつくります。一方、東ではあたたかい空気が冷たい空気の上をすべりあがり温暖前線(→p30)をつくります。

低気圧の中心ももちろん上昇気流の場となり天気がくずれやすくなりますが、その周囲の前線も上昇気流の場となり、雲が発達して降水をもたらします。

■温帯低気圧のまわりの天気のパターン

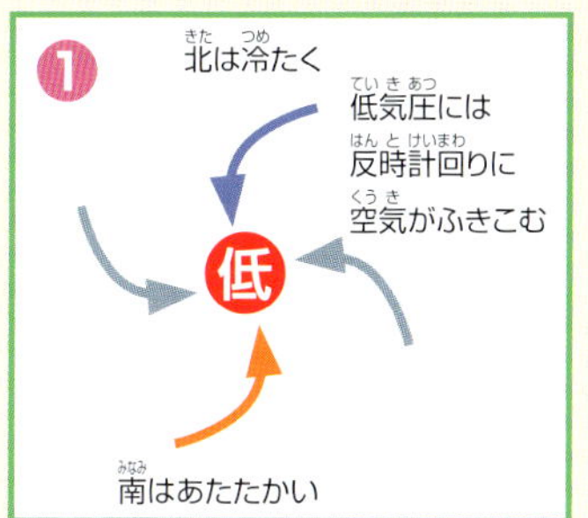

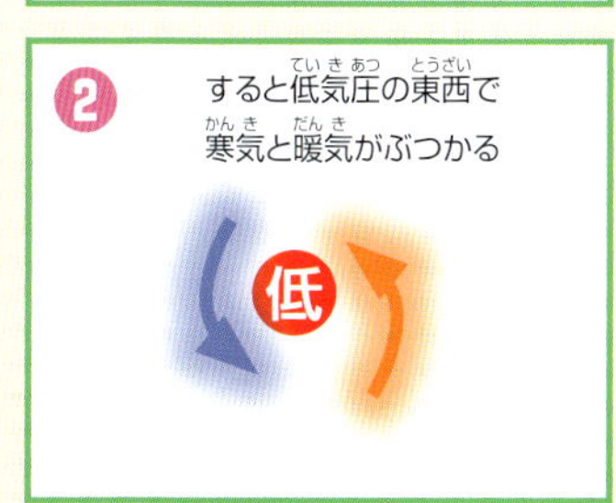

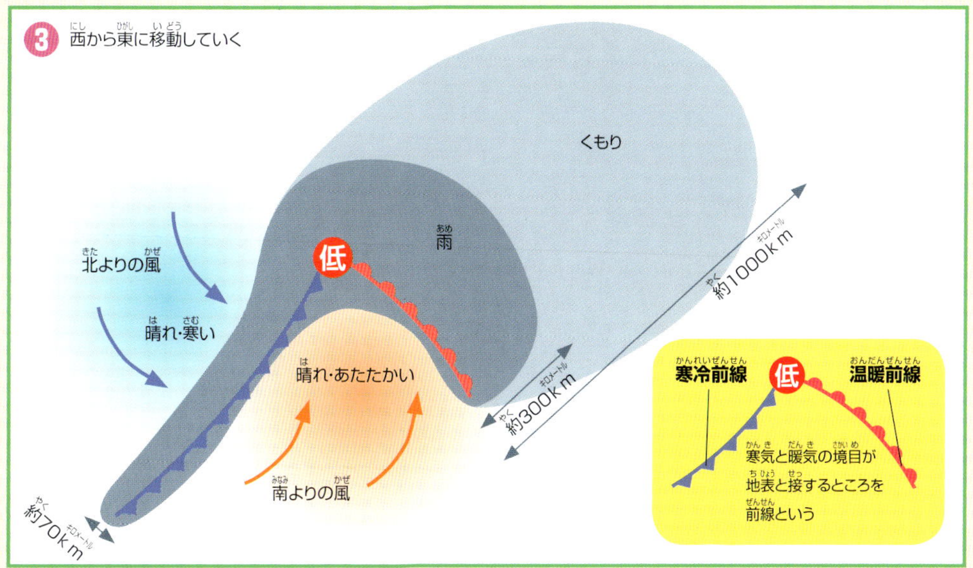

移動性高気圧

高気圧のところでは下降気流が起きています。空気が下降すると温度は上昇し、水蒸気の量が変わらないとすると湿度はどんどん下がっていきます。つまり、雲をつくる要因がないので、高気圧の場では晴れとなりやすくなります。ジェット気流のつくる高気圧を「移動性高気圧」といいます。

日本列島がジェット気流の影響を受けやすい春や秋には、次つぎに温帯低気圧や移動性高気圧がやってきてはさっていくので、天気がめまぐるしく変化していきます。

■移動性高気圧のまわりの天気

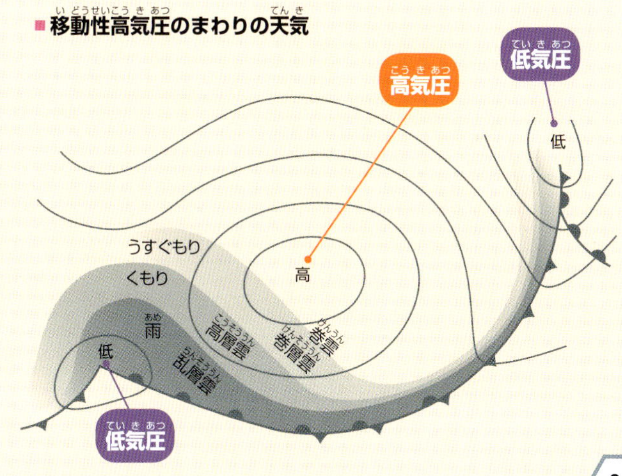

01 水蒸気と湿度

空気にはガスの水、つまり水蒸気がふくまれます。ふくまれかたによってじめっとしたり、からっとしたりします。そのふくまれかたを湿度といいます。

水蒸気は地球の大気成分

地球の大気成分は、ほとんどが窒素と酸素です。この割合は高度80kmくらいまでほぼ一定です。しかし、これにはある重要なガスがふくまれていません。それは水蒸気です。水蒸気は時と場合によってふくまれる量が大きく変化するために、成分表にはふつうふくまれません。しかし、水蒸気は雲をつくったり台風など熱帯低気圧(→p36)のエネルギー源になったりと、気象に大きな影響をあたえています。

○×クイズ

気温30℃のときの空気中にふくむことのできる湿度の量は、気温10℃のときより多い。○か×か？

「湿度」はしめりけの度合い

空気は温度が高いほど、たくさんの水蒸気をふくむことができます。その最大の量を「飽和水蒸気量」(g/m^3) といいます。「量」のかわりに、水蒸気がおよぼす気圧であらわした飽和水蒸気圧（hPa）であつかうこともあります。

湿度（相対湿度）とは、飽和水蒸気圧に対して、実際にふくんでいる水蒸気圧の割合であらわします。

湿度(％)＝
　実際にふくむ水蒸気圧／飽和水蒸気圧×100

気温30℃で水蒸気圧25.4 hPaのとき、最大で42.4hPaふくめるところを、実際には25.4 hPaふくんでいるので、湿度は 25.4÷42.4×100 = 60% となります。

湿度は、乾湿温度計をつかってかんたんにもとめることができます。

もっとくわしく！

乾湿温度計

乾湿温度計とはふつうの温度計（乾球）と、ガーゼでしめらせた温度計（湿球）からなる温度計です。湿度が低いと湿球からの蒸発がさかんになるので、**気化熱**がうばわれて湿球の示度が下がります。このことを利用して、乾球と湿球の示度の差と、気温（乾球の示度）から湿度を知ることができるのが特長です。

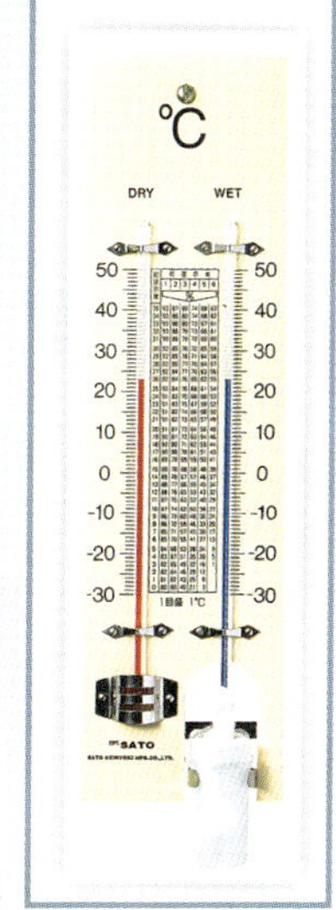

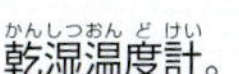
乾湿温度計。

『理科年表』の気象部には、乾湿計用の湿度表がくわしくのっています。

■温度と飽和水蒸気圧(量)との関係

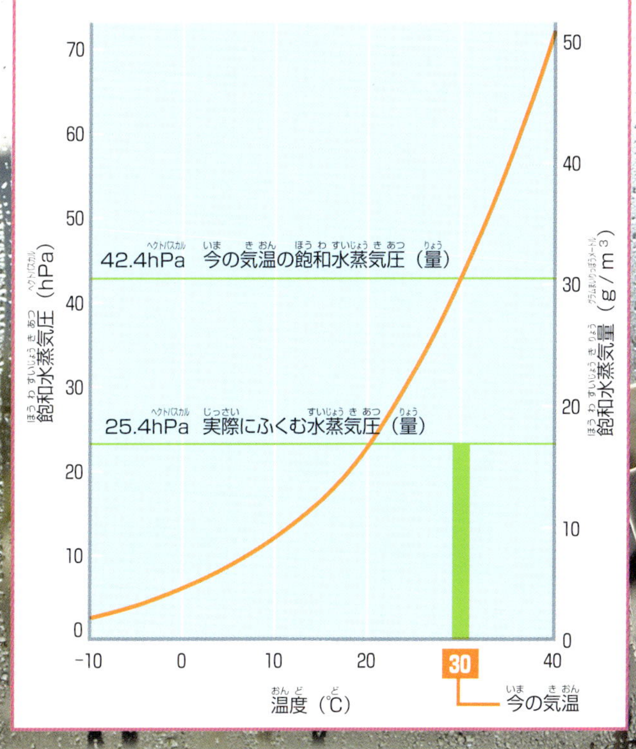

02 雲のできかた

空気は上昇すると膨張して温度が下がります。上昇して温度が下がると、空気は大量の水蒸気をふくんでいられなくなり、水蒸気は液体の水(雲のつぶ)になります。

水や氷のつぶの集まり

空気には、水蒸気がふくまれています。空気中の飽和水蒸気量は温度によってかわり、温度が高い空気ほど水蒸気を多くためこむことができ、低いほどその量は少なくなります。このため、水蒸気をじゅうぶんにためこんだ空気のかたまりがひえると飽和水蒸気量が減り、水蒸気のいくらかは気体でいられなくなって液体の水のつぶに変化します。水のつぶは、さらにひえると固体の氷のつぶに変化します。

こうしてできた水や氷のつぶが大量に集まってできるのが、「雲」です。

■雲のできかた

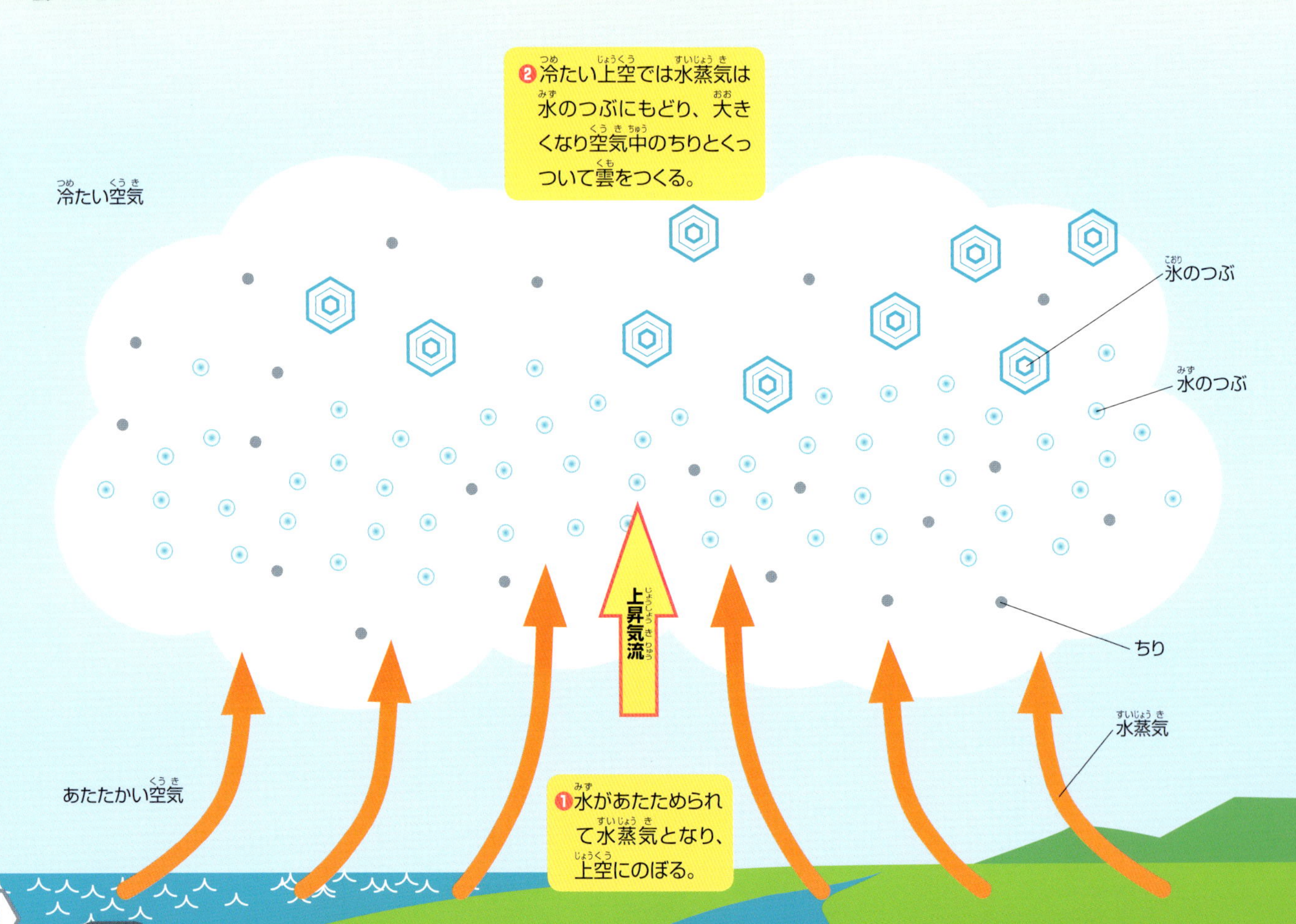

❷冷たい上空では水蒸気は水のつぶにもどり、大きくなり空気中のちりとくっついて雲をつくる。
冷たい空気
氷のつぶ
水のつぶ
上昇気流
ちり
水蒸気
あたたかい空気
❶水があたためられて水蒸気となり、上空にのぼる。

○×クイズ

「雲」と「霧」は同じものだが、うかんでいる場所によってよびかたがちがう。○か×か？

雲が空中にうかんでいるわけ

雲は空中にうかんでいるのに、同じ水のつぶでも雨や雪(→p32)は地上にふってきます。空中にうかんでいるか落ちてくるかは、水のつぶや氷のつぶの大きさによって決まります。

雲をつくっている水のつぶや氷のつぶが直径0.02mm以下であるのに対し、雨つぶは直径1mm以上がふつうです。雷雨の場合、直径3mm以上、最大で6mmになるものもあります。6mm以上になると、落ちてくる前に割れて、2mmや3mmの大きさになります。

このように、雲をつくる水のつぶや氷のつぶはとても小さいのですが、それでも空気よりは重く、そのままでは空中にういていることはできません。上昇気流にふきあげられることによってういているのです。

雲、霧、かすみ

雲と霧は、どちらも水蒸気がひえて、水のつぶとなったものです。空にうかんでいれば雲、山の表面など地表に接しているものを「霧」とよびわけています。

霧と「もや」のちがいは、遠くを見通せる距離でよびわけています。1km未満までを見通せる場合は「霧」、見通せる距離が1km以上の場合は「もや」といいます。

うすい雲や、霧・もやは「かすみ」とよばれます。これらのほか、火山灰や中国からとんでくる**黄砂**により、見通しがわるくなることもありますが、これも、かすみです。

実は、かすみは雲や霧、もやのように定義された言葉ではなく、気象用語としてはつかわれてはいません。

03 いろいろな雲

雲にはさまざまな種類があります。
とくに低気圧の周辺では、
雲が多く発生します。

前線

温帯低気圧の中心では上昇気流によって雲が発生し、雨や雪がふります。そのまわりでも、あたたかい空気と冷たい空気がぶつかって上昇気流ができます。このような暖気と寒気の境目を「前線面」、前線面と地表が交わるところを「前線」とよびます。

温暖前線による雲

低気圧の東側には、冷たい空気の上にあたたかい空気がのしあがる「温暖前線」ができます。なだらかにあたたかい空気が上昇していくので、広い範囲にいろいろな種類の雲ができます。

温暖前線の東、約1000kmの先には「巻雲（すじ

■温帯低気圧と温暖前線、寒冷前線

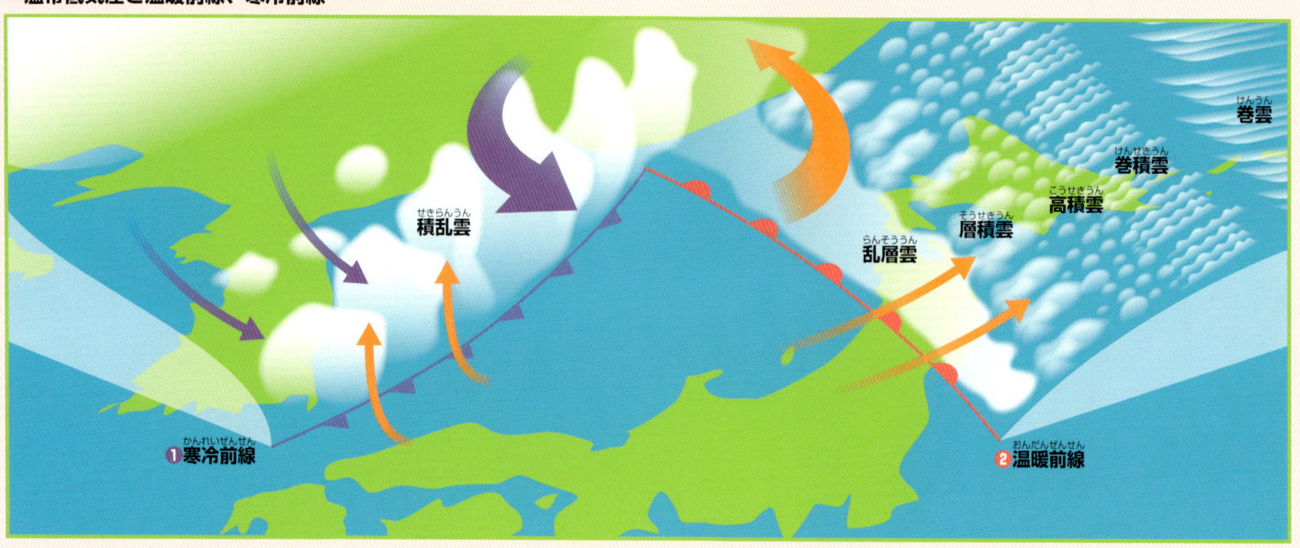

■❶を横から見たところ

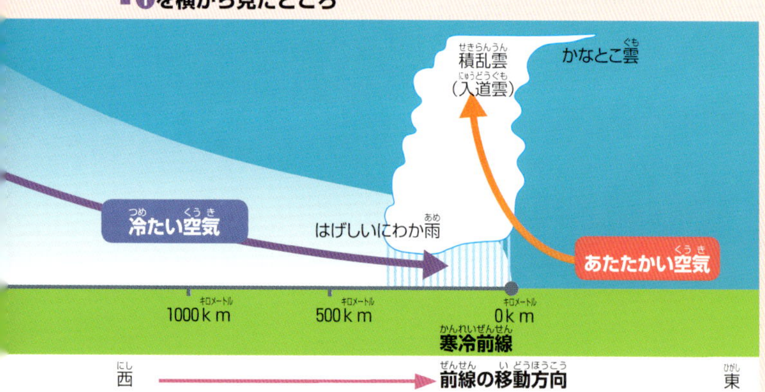

■❷を横から見たところ

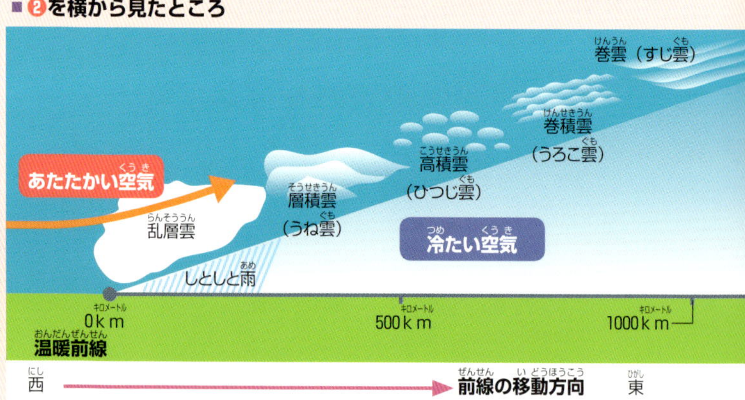

○×クイズ

地上から見て黒い雲は、宇宙から見ても黒く見える。○か×か？

雲、きぬ雲)」ができます。前線が近づくにつれて、「巻積雲（うろこ雲、いわし雲)」、「高積雲（ひつじ雲)」と、少しずつ高度の低い雲になっていきます。やがて、「層積雲（うね雲、くもり雲)」となり、空一面が雲でおおわれ、やがてしとしと雨がふりだします。この雨をふらせる雲を「乱層雲（雨雲、雪雲)」といいます。温暖前線がぬけると、上昇気流の原因がなくなるので雲は消え、いったん晴れることもあります。

寒冷前線による雲

温暖前線がすぎると、あたたかい空気のエリアに入りおだやかな天気となります。しかし、低気圧の西側に発達する寒冷前線が近づくと天気は急変します。「寒冷前線」とは、上空の冷たい空気の落ちこみがつくる前線で、冷たい空気が地表に達すると、地表近くのあたたかい空気を強制的に押しあげます。そのため、せまい範囲で強い上昇気流が起きます。すると、背の高い積乱雲（雷雲、入道雲）が発達します。

雲の頂きが圏界面まで達すると、それより上昇できなくなって、雲の先端は上空の強い西風に流されて、かなとこ雲をつくります(→p7)。積乱雲はせまい範囲に強いにわか雨をもたらします。また時として、ひょうやあられ(→p33)、雷(→p34)や竜巻(→p40)など、気象災害をもたらすような現象を引きおこします。

おもしろじょうほう　白い雲と黒い雲

雲は、白く見えることもあれば、黒く見えることもあります。

白く見えるのは、雲をつくっている水や氷のつぶに日光があたると、日光にふくまれる7色がいろいろな方向に反射し、人の目にはすべての色がまざって白く見えるためです。つぶの大きさが雨つぶのように大きくないため、7色に分かれては見えません。一方、白い雲より雲の層が厚く、上からの太陽の光が雲の下の部分までとどかないと、地表からはくらく黒く見えます。

ところが、その黒い雲も、上のほうは太陽の光を反射しているので、宇宙からは白く見えます。

04 雨と雪は元は同じもの

雨は、空中にうかんでいられなくなった雲のつぶが、落ちてきたものです。落ちてくるとちゅうでとけると雨に、とけないと雪になります。

雨や雪のふるしくみ

雲のなかの気温が高いところでは、最初から水のつぶがうかんでいます。水のつぶ同士がくっつきあって大きくなり、そのまま落ちてくることで「雨」となります。一方、そうやってできる雨のほかに、氷のつぶや雪が落ちてくるとちゅうでとけて雨になる場合もあり、こちらのほうが多くあります。

梅雨

日本では、5～7月に「梅雨」とよばれる、雨の多い時期があらわれます。

梅雨の時期がはじまることを「梅雨入り」、梅雨が終わって夏になることを「梅雨明け」といいます。梅雨入りや梅雨明けの判断の基準の１つに「梅雨前線」とよばれる**停滞前線**があります。それぞれの発表は、気象庁がおこなっています。

理科年表を見よう! 「理科年表」の気象部には、日本各地の降水量や梅雨入り・梅雨明けの平年値がのっています。

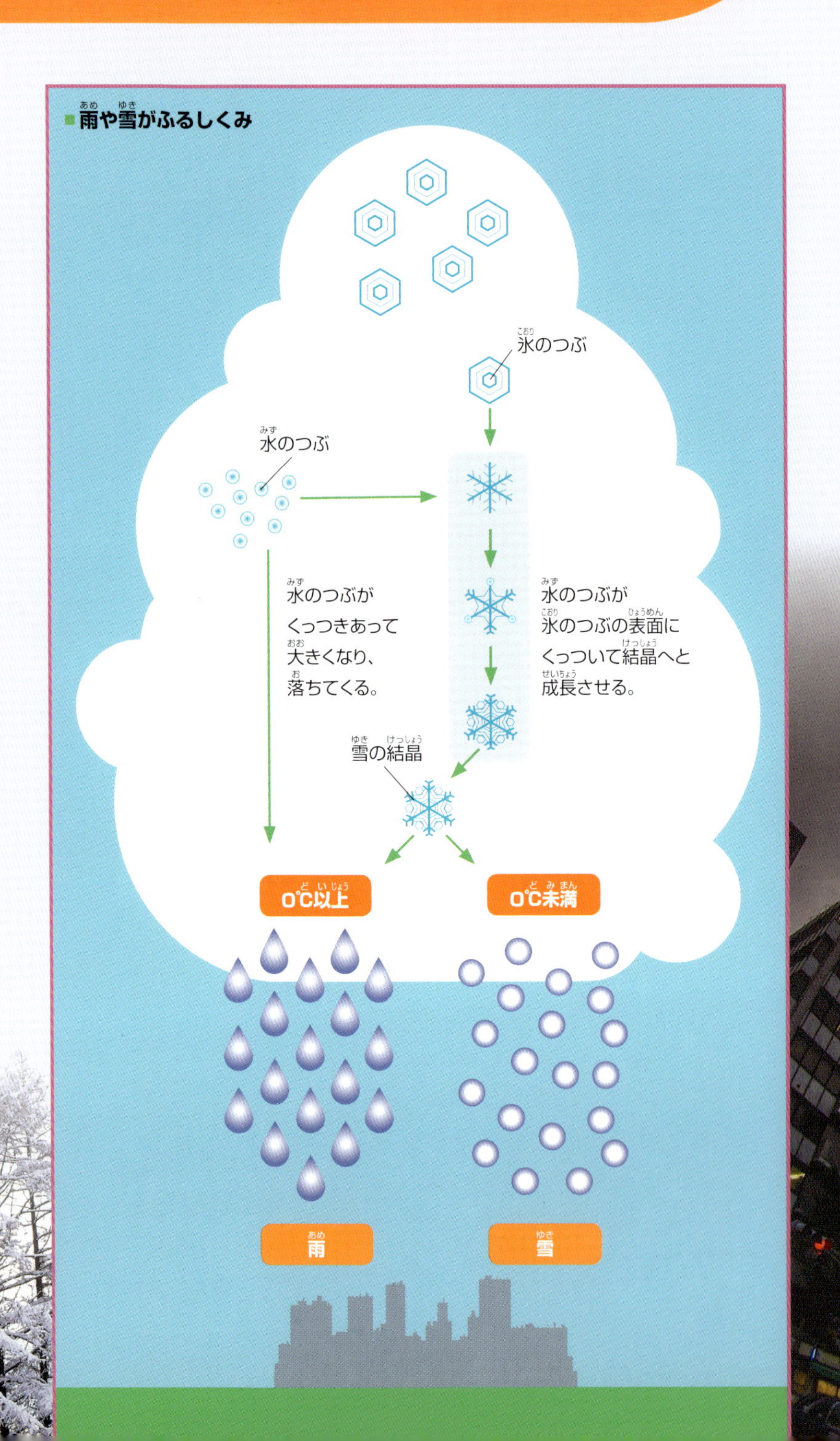

○×クイズ

「あられ」と「ひょう」は同じものだが、地域によってよびかたがちがう。○か×か？

おもしろじょうほう お天気雨とは？

雨が雲の底から地上に落ちるまでに、5～10分ほどかかります。そのあいだに雲が強い風などによって流されてしまうことがあり、雨が落ちてくるときには真上に雲がなくなって日がさすことがあります。これが「お天気雨」です。また、雨をふらせる雲と雲のあいだに、青空が見えていると、晴れているのに雨がふっているように見えることがあります。

もっとくわしく！ 夕立

夕立とは、夏の午後にふる雨のことです。夏、強い日ざしで地表近くのしめった空気はあたためられて、上昇し、積乱雲をつくります。積乱雲は強い雨をふらせますが、1～3時間ほどでやみます。夕立が発生するときは、あたたかい空気の下に冷たい空気がもぐりこみ、進んできたのとは反対の方向にあたたかい空気を押すため、雲は移動します。そもそも夕立をふらせる積乱雲は、面積がそれほど大きくありません。このため、移動するとすぐにやんだように感じるのです。

夕立直前の空

雪、あられ、ひょうのちがい

雪や「あられ」、「ひょう」は、雲のなかで大きくなった氷のつぶが、とけずに落ちてきたものです。

なかでも「あられ」と「ひょう」は、落ちたりふきあげられたりしながら、結晶のまわりに氷のつぶがくっついて大きくなるため、雪のような規則的な結晶は見られなくなってしまいます。なお、大きさが5mm未満をあられ、5mm以上をひょうとよびます。

■ひょうのできるしくみ

1. 水のつぶが上昇気流で雲の上部にふきあげられて、氷のつぶになる。
2. 下部までいったん落ちる。
3. ふたたび上昇気流でふきあげられる。
4. 落下と上昇を何度かくりかえすうちに氷のつぶがくっついて、しだいに大きくなる。

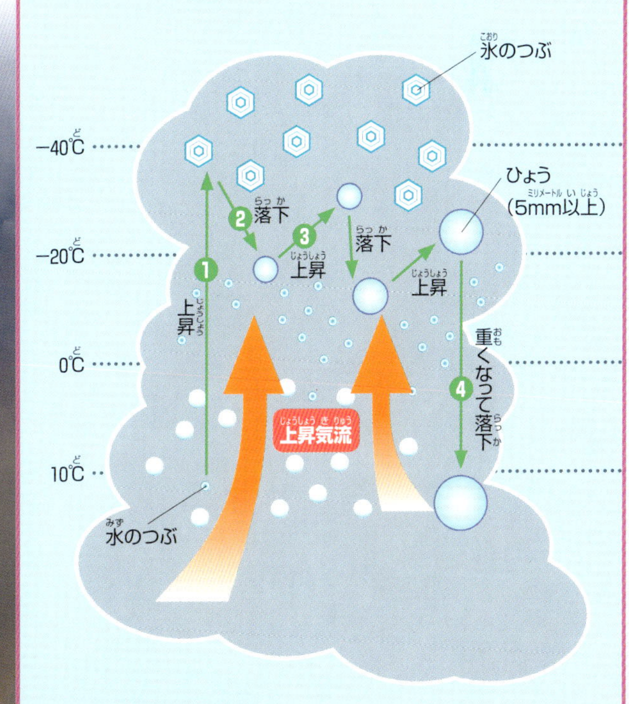

05 雷は摩擦による静電気で起きる!

雷は、雲のなかで静電気が生じて光や音を発生させる現象です。どの雲のなかでも生じるわけではなく、積乱雲のなかでしか起こりません。

雷が起きるしくみ

積乱雲のなかで大気がはげしく動くと、氷のつぶが勢いよくぶつかりあいます。このときの摩擦により、静電気が生じます。このうち、つぶの小さいものは（＋）になり、大きいものは（－）になります。（＋）の電気は雲の上のほうに、逆に（－）の電気は下のほうにたまります。

■ 雷の起きるしくみ

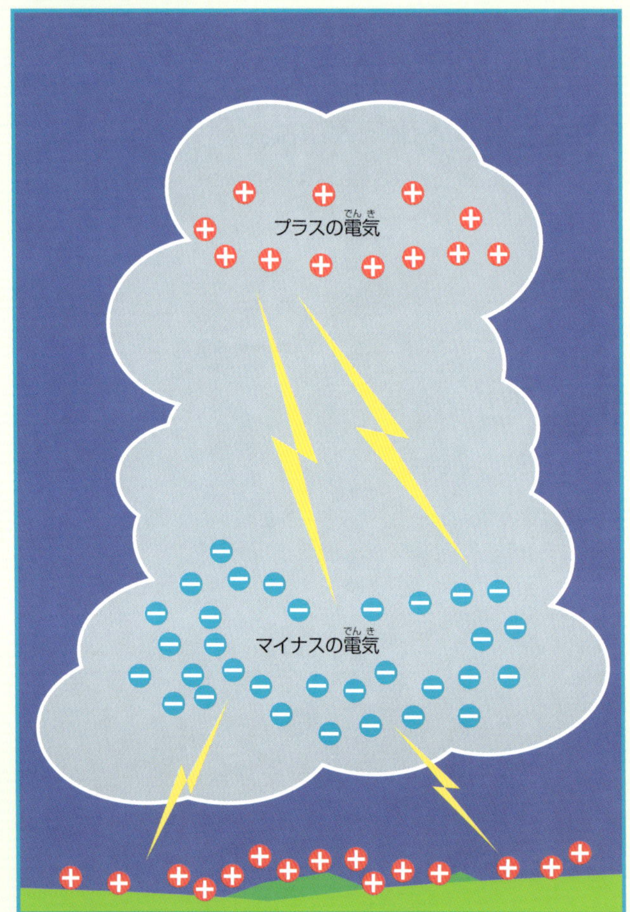

雲のなかで電気が増えつづけると、電気があふれだして空気のあいだを流れていきます。このとき、雲と雲のあいだや、雲の上下間で電気が流れると「雷」となります。このうち、雲の下にたまった（－）の電気と、地上にある（＋）の電気とのあいだで電気が流れると「落雷」となります。

もともと空気は電気を通しにくい物質なので、電気がむりやり流れようとすると、通り道にある空気は一瞬で1万℃以上もの高温になり、強い光を発します。電気は本来、まっすぐ流れる性質があります。しかし、空気のなかは電気が通りにくいため、一気には流れません。少し進んでは充電し、その度に流れやすい方向に流れていきます。これを一瞬のうちにくりかえしているようすが、私たちにはギザギザに見えています。そして、高温になった空気は、急にふくらんでまわりの空気をはげしくふるえさせるため、大きな音が生じます。

雷までの距離

音は、1秒間に約340m進みます。一方、光は音よりもずっとはやく、1秒間に約30万kmも進みます。雷が落ちるとき、電気の流れる時間は1000分の1秒ほどです。雷が起きるときは、音と光はほぼ同時に発生していますが、光のほうが音よりもずっとはやく伝わるため、音がおくれてきこえます。雷が光った瞬間から、音がなるまでの秒数を数えて、秒数に340mをかけ算すれば、雷がどのくらいはなれたところで起きたのかがわかります。

○×クイズ

雷はかならず上から下に落ちる。○か×か？

雷をさけるためには

雷が起きると、数万～数十万Aものぼう大な電流が流れます（一般家庭でつかうA数は40Aくらい）。これによって7000個の100W電球を8時間つけることができるとされています。雷は、高いところへ落ちやすく、その次に金属に落ちやすくなっています。

おもしろじょうほう 冬の雷

雷が発生する時期は、多くの場合、夏です。しかし、北陸地方や東北地方などの日本海側の地域では、夏よりも冬に雷が多く発生します。

日本海沿岸では、対馬海流という冬でもあたたかい海流が流れています。そこには冷たい空気がふきこんでくるため、冬でもひんぱんに積乱雲が発生し、雷も多く見られるのです。

冬の雷は世界でもめずらしく、このほかでは、ノルウェーの大西洋側と北アメリカの五大湖から東海岸にかけての地域でしか見られないといわれています。

冬の雷は、夏の雷とちがって、地上から上空へ放電することが多いといわれています。

理科年表を見よう！ 『理科年表』の気象部には、日本各地の雷日数がのっています。

06 熱帯低気圧の発生と消滅

注射のときに消毒のためアルコールで腕をふくと、すーっと冷たく感じます。アルコールが気化して蒸発熱をうばったためです。台風(熱帯低気圧)のエネルギー源は実はこの熱と同じものです。

熱帯低気圧の発生

台風やハリケーン、サイクロンなどは、熱帯地方で発生した低気圧である「熱帯低気圧」です。熱帯低気圧は次のようにして発生します。

❶ 水温が26〜27℃以上のあたたかい海では、強い日ざしにより、海水が蒸発して水蒸気ができる。水蒸気が上空にのぼってひやされると水のつぶにもどり、雲をつくる。このときに熱が放出される。

❷ その熱によってさらに海水が蒸発して上昇気流が強くなり、風がうずをまきながら中心のほうへ集まってきて、まわりからしめった熱い空気をどんどんはこんでくる。

❸ そのいきおいはさらに強いものとなり、その結果、大雨や強風をともなう熱帯低気圧がうまれる。

❹ 熱帯低気圧の内部には反時計まわりのうずができ、中心に向かって強い風がふきこむ。中心部では回転にともなって、雲の壁をつくり、「台風の目」ができる。

※うずの回転方向は北半球の場合。

○×クイズ

台風の目の大きさには100kmをこえるものもある。○か×か？

熱帯低気圧のうず

赤道付近では、熱帯低気圧がほとんど発生しません。赤道ではコリオリの力がはたらかないので、気圧の低い部分ができてもまわりからの空気がすぐに入ってきて、うずをうめてしまうからだと考えられています。赤道より少し高緯度になると、コリオリの力ははたらくようになります。

熱帯低気圧のなかでは、強い風が中心に向かってふきこんでいます。中心に近づくほど風は強くなり、中心部分のまわりでは空気がうずをまきながら上昇して、高い雲の壁をつくります。低気圧の中心に向かって流れこむうずまきは、北半球と南半球では、回転の向きがちがいます。北半球では、低気圧が反時計回りにうずをまき、空気が中心に向かって流れこんできます。逆に南半球では、時計回りになります。

この回転によって外側へひっぱられる力（遠心力）が強くはたらき、中心に向かって風がふきこめなくなる部分ができます。この風の入りこめない部分は、日本では「台風の目」とよばれます。台風の目のなかでは風が弱く、雲がなく晴れていることもあります。台風の目の直径はふつう20～30kmですが、大きなものになると100kmをこえるものもあります。

熱帯低気圧のエネルギーと消滅

熱帯低気圧は水温の高い海で発生した水蒸気をエネルギーにして、勢力を強めます。しかし、移動しているうちに海や陸地との摩擦によってたえずエネルギーを消費し、弱まっていきます。上陸して水蒸気をまきあげる量が少なくなったり、日本付近で上空に寒気が流れこんだりすると、勢力が弱まります。また、海水温が低いと得られるエネルギーが少なくなるため、勢力が弱まります。海面からあらたな水蒸気が入ってこない場合には、その後2～3日で消えてしまう熱帯低気圧もあります。

一方、冷たい空気が入りこむと、熱帯低気圧の構造が変化して、温帯低気圧になることがあります。温帯低気圧になったからといって勢力が弱まるとはかぎらず、発達して強風などによる大きな被害をもたらすことがあります。

近年は、海水温が高くなる傾向にあり、水蒸気をエネルギーとする熱帯低気圧の勢力も、今後その割合が増えると考えられています。

宇宙から見たハリケーンのうず。

07 熱帯低気圧のよびかた

熱帯低気圧のよびかたは、世界でも地域によって基準がちがっています。台風は日本をふくむ、一部の地域のよびかたです。

熱帯低気圧とは

熱帯低気圧のうち、最大風速が一定以上の強さになったものを、台風(→P36)、「ハリケーン」、「サイクロン」などとよびます。

- **台風**：東経180度より西の北太平洋にある熱帯低気圧のうち、最大風速が秒速約17m以上になったもの。
- **ハリケーン**：北大西洋、カリブ海、メキシコ湾や、東経180度より東の北東太平洋上にある熱帯低気圧のうち、最大風速が秒速約33m以上になったもの。
- **サイクロン**：インド洋や南太平洋上にある熱帯低気圧のうち、最大風速が秒速約17m以上になったもの。

おもしろじょうほう　台風のよび名

アメリカでは、ハリケーンを番号ではなく名前をつけてよんでいます。名前をつけにくい一部のアルファベットをのぞき、頭文字がアルファベット順となった名前のリストが毎年作成されます。名前は、男性名と女性名が交互になるようになっています。そしてハリケーンが発生すると、Aから順に名前を割りふっていきます。

一方、台風の監視などで協力しあうアジアの14の国や地域＊1は、各国が決めた名前の一覧表(→p42)を準備し、台風が発生した順にこの一覧表を用いて名前をつけています。ただし日本では、昔から台風を番号でよんでいる歴史があるので、名前でよぶことが少ないのです。

サイクロンにも、たとえば北インド洋で発生するものには８か国＊2で決めた名前の一覧表があり、サイクロンが発生した順に一覧表にしたがって名前がつけられていきます。

＊1 アメリカ（西太平洋にいくつかの島を所有しているため）、カンボジア、韓国、北朝鮮、タイ、中国、日本、フィリピン、ベトナム、香港、マカオ、マレーシア、ミクロネシア、ラオス

＊2 インド、オマーン、スリランカ、タイ、モルディブ、パキスタン、バングラデシュ、ミャンマー

■熱帯低気圧のよびわけ図

○×クイズ

台風が「上陸」するとは、台風の雲が島や半島にわずかでもふれたときのことをいう。○か×か？

台風の経路

赤道付近で発生した台風は、はじめ、貿易風(→p22)にのって西に向かいます。その後、地球の自転の影響で、北に向かいます。

台風は、夏から初秋にかけては、大きくはりだした高気圧にそって、日本付近へ向かいます。一方、初夏や晩秋には、貿易風の影響や、太平洋高気圧のはりだしが弱くなることで、フィリピン方面に向かうことが多くなります。

日本列島付近にくる台風は、偏西風(→p22)にのって北東に進みます。日本列島に接近、あるいは上陸すると、地面との摩擦によってエネルギーをうしなうために勢力が弱まり、消滅するか温帯低気圧(→p25)となります。

『理科年表』の気象部には、台風の主な経路や上陸数がくわしくのっています。

■台風の月別の主な経路

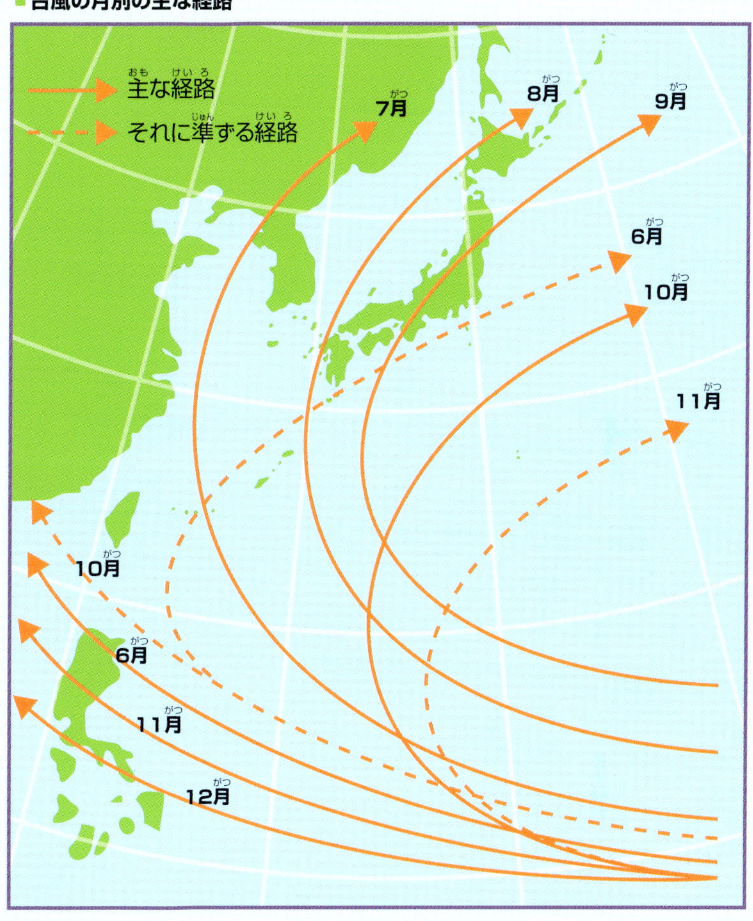

台風の上陸とは?

台風が「上陸」したというのは、「台風の中心が北海道、本州、四国、九州のいずれかの海岸線についたとき」とされています。沖縄島など小さな島や半島を横切ったときは「通過」といいます。

台風というと秋にやってくる印象がありますが、実際に上陸数を調べてみると8月0.9個、9月0.8個でほぼ同じです。接近数では8月のほうが多いことがわかります。秋にやってくる印象が強いのは、9月に過去に大きな災害をもたらした台風が多いからかもしれません。

■台風の月別接近数・上陸数(1981年〜2010年の平均)

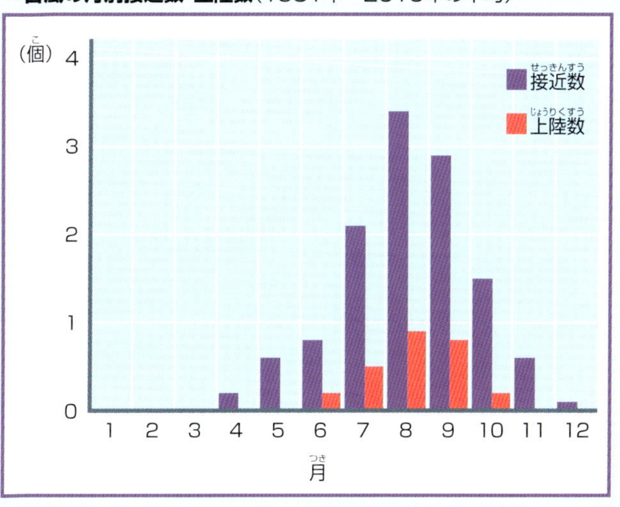

08 竜巻

竜巻が発生するしくみは、はっきりとはわかっていません。しかし、その破壊力は非常に強く、大きな被害をもたらします。

竜巻とは

竜巻は、多くの場合、積乱雲で起きている非常に強い上昇気流に、それを回転させる強い力がはたらいて、うずまき状になることで起こります。竜巻の直径は数十mから数百mですが、勢力の強いものでは風速が秒速100mをこえることもあり、移動しながら住宅などに大きな被害をもたらします。

まわりの空気をすいあげながら移動するため、通り道に大きな被害をもたらすことがあります。実際に起きた竜巻の強さは、人工建造物や草木などの被害の大きさによって6段階に分類されています。この単位は「藤田スケール」とよばれています。

日本でも1年間に約20件の竜巻（2007年以降、海上竜巻をのぞく）が確認されています。アメリカでは「トルネード」とよばれ、しばしば規模の大きい竜巻があらわれます。

■竜巻の起きるしくみの例

❶積乱雲のなかで、強い上昇気流が何らかの理由で回転し、うずまきができる。

❷そのうずまきがしだいに発達して、地上におりてくる。

❸家や車をまきこんだり、こわしたりして被害をもたらす。

❹勢力がおとろえると、少しずつ地面からはなれ、雲と一体化していく。

○×クイズ

竜巻のうずの直径は数十mほどである。○か×か？

■竜巻の強さの単位（藤田スケール）

F0	秒速17～32m
	木の枝がおれる、根のあさい木が傾く、道路標識などの損傷など。
F1	秒速33～49m
	屋根がはがされたり、移動中の自動車は道から押しだされたりする。
F2	秒速50～69m
	屋根が飛んだり、貨車が脱線したり、大木がおれたり、根からたおれたりする。
F3	秒速70～92m
	屋根も壁もふきとばされる。列車は脱線転覆、森の大半の木はひっこぬかれ、家も車も飛ばされる。
F4	秒速93～116m
	家はバラバラになり、車は数十m飛ばされる。
F5	秒速117～142m
	強固な建造物がふきとぶ。自動車大の物が空を飛びかう。樹木も根こそぎ宙をまう。

台風の国際名

ここでは38ページで紹介した、台風のよび名の一覧表をのせています。名前は全部で140あり、すべてつけきると、ふたたび最初の名前がつけられます。

	命名した国と地域	よび名	カタカナ読み	意味
1	カンボジア	Damrey	ダムレイ	象
2	中国	Haikui	ハイクイ	イソギンチャク
3	北朝鮮	Kirogi	キロギー	がん（雁）
4	香港	Kai-tak	カイタク	啓徳（旧空港名）
5	日本	Tembin	テンビン	てんびん座
6	ラオス	Bolaven	ボラヴェン	高原の名前
7	マカオ	Sanba	サンバ	マカオの名所
8	マレーシア	Jelawat	ジェラワット	淡水魚の名前
9	ミクロネシア	Ewiniar	イーウィニャ	嵐の神
10	フィリピン	Maliksi	マリクシ	速い
11	韓国	Gaemi	ケーミー	あり（蟻）
12	タイ	Prapiroon	プラピルーン	雨の神
13	米国	Maria	マリア	女性の名前
14	ベトナム	Son-Tinh	ソンティン	ベトナム神話の山の神
15	カンボジア	Ampil	アンピル	タマリンド
16	中国	Wukong	ウーコン	（孫）悟空
17	北朝鮮	Sonamu	ソナムー	松
18	香港	Shanshan	サンサン	少女の名前
19	日本	Yagi	ヤギ	やぎ座
20	ラオス	Leepi	リーピ	ラオス南部の滝の名前
21	マカオ	Bebinca	バビンカ	プリン
22	マレーシア	Rumbia	ルンビア	サゴヤシ
23	ミクロネシア	Soulik	ソーリック	伝統的な部族長の称号
24	フィリピン	Cimaron	シマロン	野生の牛
25	韓国	Jebi	チェービー	つばめ（燕）
26	タイ	Mangkhut	マンクット	マンゴスチン
27	米国	Utor	ウトア	スコールライン
28	ベトナム	Trami	チャーミー	花の名前
29	カンボジア	Kong-rey	コンレイ	伝説の少女の名前
30	中国	Yutu	イートゥー	民話のうさぎ
31	北朝鮮	Toraji	トラジー	桔梗
32	香港	Man-yi	マンニィ	海峡（現在は貯水池）の名前
33	日本	Usagi	ウサギ	うさぎ座
34	ラオス	Pabuk	パブーク	淡水魚の名前
35	マカオ	Wutip	ウーティップ	ちょう（蝶）
36	マレーシア	Sepat	セーパット	淡水魚の名前
37	ミクロネシア	Fitow	フィートウ	花の名前
38	フィリピン	Danas	ダナス	経験すること
39	韓国	Nari	ナーリー	百合
40	タイ	Wipha	ウィパー	女性の名前
41	米国	Francisco	フランシスコ	男性の名前

42	ベトナム	Lekima
43	カンボジア	Krosa
44	中国	Haiyan
45	北朝鮮	Podul
46	香港	Lingling
47	日本	Kajiki
48	ラオス	Faxai
49	マカオ	Peipah
50	マレーシア	Tapah
51	ミクロネシア	Mitag
52	フィリピン	Hagibis
53	韓国	Neoguri
54	タイ	Rammasun
55	米国	Matmo
56	ベトナム	Halong
57	カンボジア	Nakri
58	中国	Fengshen
59	北朝鮮	Kalmaegi
60	香港	Fung-wong
61	日本	Kammuri
62	ラオス	Phanfone
63	マカオ	Vongfong
64	マレーシア	Nuri
65	ミクロネシア	Sinlaku
66	フィリピン	Hagupit
67	韓国	Jangmi
68	タイ	Mekkhala
69	米国	Higos
70	ベトナム	Bavi
71	カンボジア	Maysak
72	中国	Haishen
73	北朝鮮	Noul
74	香港	Dolphin
75	日本	Kujira
76	ラオス	Chan-hom
77	マカオ	Linfa
78	マレーシア	Nangka
79	ミクロネシア	Soudelor
80	フィリピン	Molave
81	韓国	Goni
82	タイ	Atsani
83	米国	Etau
84	ベトナム	Vamco
85	カンボジア	Krovanh
86	中国	Dujuan
87	北朝鮮	Mujigae
88	香港	Choi-wan
89	日本	Koppu
90	ラオス	Champi

レキマー	果物の名前
クローサ	鶴
ハイエン	うみつばめ
ポードル	やなぎ
レンレン	少女の名前
カジキ	かじき座
ファクサイ	女性の名前
ペイパー	魚の名前
ターファー	なまず
ミートク	女性の名前
ハギビス	すばやい
ノグリー	たぬき
ラマスーン	雷神
マットゥモ	大雨
ハーロン	湾の名前
ナクリー	花の名前
フンシェン	風神
カルマエギ	かもめ
フォンウォン	山の名前(フェニックス)
カンムリ	かんむり座
ファンフォン	動物
ヴォンフォン	すずめ蜂
ヌーリ	オウム
シンラコウ	伝説上の女神
ハグピート	むち打つこと
チャンミー	ばら
メーカラー	雷の天使
ヒーゴス	いちじく
バービー	ベトナム北部の山の名前
メイサーク	木の名前
ハイシェン	海神
ノウル	夕焼け
ドルフィン	白いるか。香港を代表する動物の1つ。
クジラ	くじら座
チャンホン	木の名前
リンファ	はす(蓮)
ナンカー	果物の名前
ソウデロア	伝説上の首長名
モラヴェ	木の名前
コーニー	白鳥
アッサニー	雷
アータウ	嵐雲
ヴァムコー	ベトナム南部の川の名前
クロヴァン	木の名前
ドゥージェン	つつじ
ムジゲ	虹
チョーイワン	彩雲
コップ	コップ座
チャンパー	赤いジャスミン

91	マカオ	In-fa	インファ	花火
92	マレーシア	Melor	メーロー	ジャスミン
93	ミクロネシア	Nepartak	ニパルタック	有名な戦士の名前
94	フィリピン	Lupit	ルピート	冷酷な
95	韓国	Mirinae	ミリネ	天の川
96	タイ	Nida	ニーダ	女性の名前
97	米国	Omais	オーマイス	徘徊
98	ベトナム	Conson	コンソン	歴史的な観光地の名前
99	カンボジア	Chanthu	チャンスー	花の名前
100	中国	Dianmu	ディアンムー	雷の母
101	北朝鮮	Mindulle	ミンドゥル	たんぽぽ
102	香港	Lionrock	ライオンロック	山の名前
103	日本	Kompasu	コンパス	コンパス座
104	ラオス	Namtheun	ナムセーウン	川の名前
105	マカオ	Malou	マーロウ	めのう(瑪瑙)
106	マレーシア	Meranti	ムーランティ	木の名前
107	ミクロネシア	Rai	ライ	ヤップ島の石の貨幣
108	フィリピン	Malakas	マラカス	強い
109	韓国	Megi	メーギー	なまず
110	タイ	Chaba	チャバ	ハイビスカス
111	米国	Aere	アイレー	嵐
112	ベトナム	Songda	ソングダー	北西ベトナムにある川の名前
113	カンボジア	Sarika	サリカー	さえずる鳥
114	中国	Haima	ハイマー	タツノオトシゴ
115	北朝鮮	Meari	メアリー	やまびこ
116	香港	Ma-on	マーゴン	山の名前(馬の鞍)
117	日本	Tokage	トカゲ	とかげ座
118	ラオス	Nock-ten	ノックテン	鳥
119	マカオ	Muifa	ムイファー	梅の花
120	マレーシア	Merbok	マールボック	鳥の名前
121	ミクロネシア	Nanmadol	ナンマドル	有名な遺跡の名前
122	フィリピン	Talas	タラス	鋭さ
123	韓国	Noru	ノルー	のろじか(鹿)
124	タイ	Kulap	クラー	ばら
125	米国	Roke	ロウキー	男性の名前
126	ベトナム	Sonca	ソンカー	さえずる鳥
127	カンボジア	Nesat	ネサット	漁師
128	中国	Haitang	ハイタン	海棠
129	北朝鮮	Nalgae	ナルガエ	つばさ
130	香港	Banyan	バンヤン	木の名前
131	日本	Hato	ハト	はと座
132	ラオス	Pakhar	パカー	淡水魚の名前
133	マカオ	Sanvu	サンヴー	さんご(珊瑚)
134	マレーシア	Mawar	マーワー	ばら
135	ミクロネシア	Guchol	グチョル	うこん
136	フィリピン	Talim	タリム	鋭い刃先
137	韓国	Doksuri	トクスリ	わし(鷲)
138	タイ	Khanun	カーヌン	果物の名前、パラミツ
139	米国	Vicente	ヴェセンティ	男性の名前
140	ベトナム	Saola	サオラー	ベトナムレイヨウ

生物季節観測

理科年表には、気象庁の気象官署が統一した基準にもとづいておこなっている、うめ・さくらの開花した日、かえで・いちょうが紅（黄）葉した日などの植物季節観測や、うぐいす・あぶらぜみの鳴き声をはじめて聞いた日、つばめ・ほたるをはじめて見た日などの動物季節観測の平年値がのっています。観測された結果は、季節のおくれや進み、気候のちがいなど総合的な気象状況の推移を把握するのに用いられるほか、新聞やテレビなどにより生活情報の１つとして利用されます。

うめの開花日

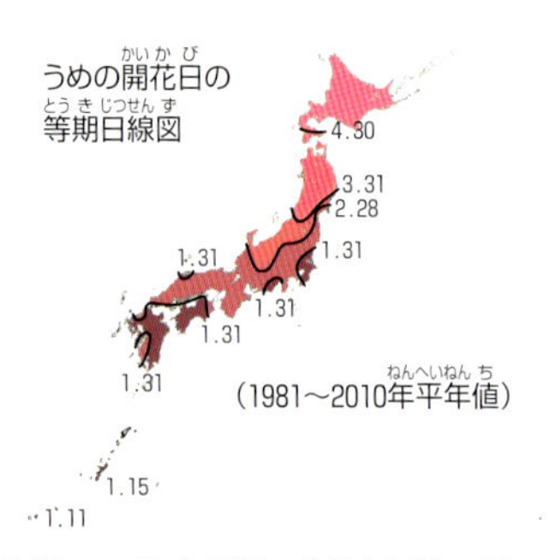

うめの開花日とは、標本木に5～6輪の花が咲いた状態になった最初の日をいう。うめの開花は1月中旬に沖縄地方ではじまる。1月下旬に九州地方から四国地方、東海地方の一部、関東地方の太平洋側の地域、2月下旬には中国地方から近畿地方、北陸地方の一部、関東地方北部、東北地方南部太平洋側に達する。3月には北陸地方、東北地方 の一部、4月には東北地方、4月下旬から5月にかけて北海道地方に達する。

あじさいの開花日

あじさいの開花日とは、標本木でこの真の花が2～3輪咲いた状態となった最初の日をいう。あじさいの開花は、5月の終わりに九州地方南部ではじまる。6月上旬には九州北部、四国地方から近畿地方にかけての太平洋側を結ぶ地域、6月中旬には中国地方、北陸地方南部から関東地方南部にかけてを結ぶ地域、6月下旬には関東地方北部、甲信越地方を結ぶ地域に達する。その後、7月には東北地方から北海道地方にかけて北上し、8月中旬には北海道地方北部に達する。

あぶらぜみの初鳴日

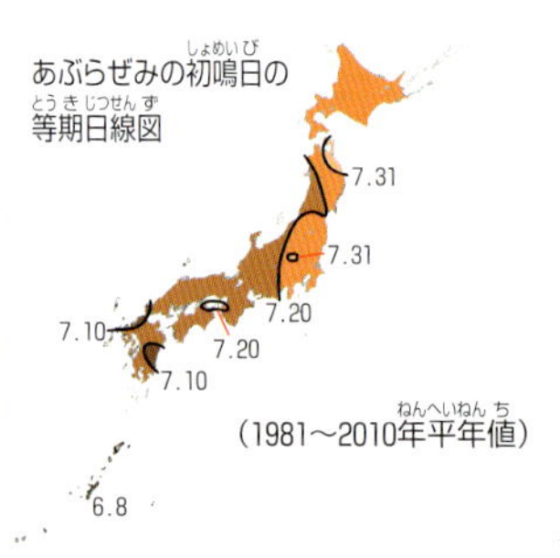

あぶらぜみの初鳴日とは、あぶらぜみの鳴き声をはじめて聞いた日をいう。初鳴は、6月上旬に沖縄地方からはじまる。7月上旬に九州地方の一部、7月中旬に九州地方から東北地方の日本海側までと広い範囲で聞かれるようになる。7月下旬に関東地方から北海道地方で聞かれるようになる。

かえでの紅葉

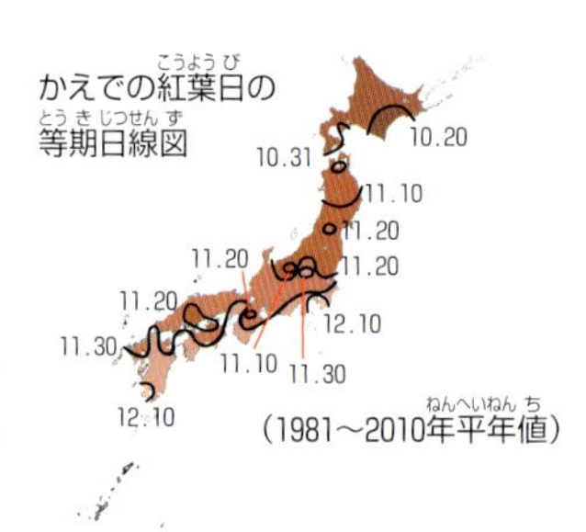

かえでの紅葉日とは、標本木全体をながめたときに、大部分の葉の色が紅色に変わった状態になった最初の日をいう。紅葉は、10月中旬から北海道地方ではじまる。11月上旬には東北地方北部に達し、11月中旬には関東北部から北陸地方北部に達する。11月下旬には関東地方、北陸地方、東海地方、中国地方、四国地方、九州地方北部まで南下する。12月上旬から中旬にかけて関東地方から東海地方の太平洋側、近畿地方、九州地方南部の地域に達する。

つばめの初見日

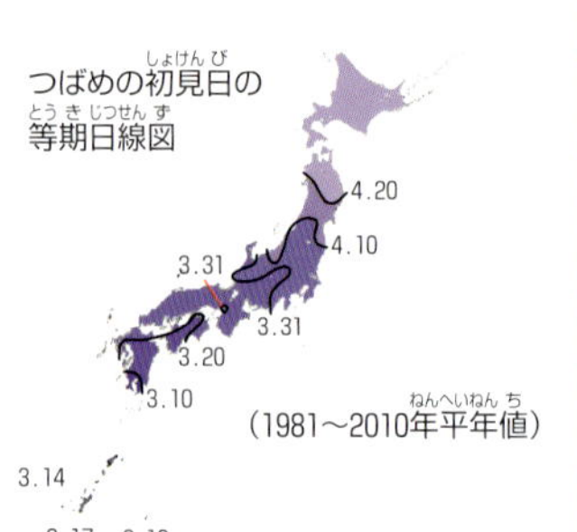

つばめの初見日とは、春に入る頃渡来したつばめをはじめて見た日をいう。つばめの初見は、3月上旬から九州地方南部ではじまる。3月中旬に九州地方、四国地方に達し、3月下旬に中国地方、近畿地方、北陸地方、中部地方を結ぶ地域、4月上旬に東海地方、関東甲信地方、東北地方南部を結ぶ地域、その後、東北地方北部を北上し4月下旬に北海道地方に達する。

もんしろちょうの初見日

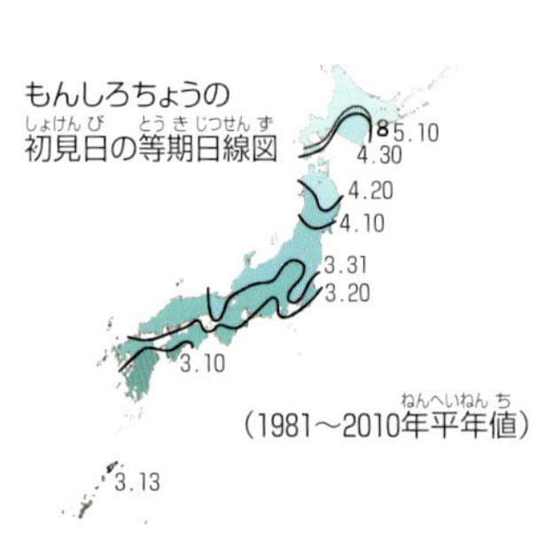

もんしろちょうの初見日とは、春にもんしろちょうをはじめて見た日をいう。初見は、3月上旬に九州地方や四国地方南部ではじまる。3月中旬に九州地方北部、四国地方北部、近畿地方南部、東海地方南部を結ぶ地域、3月下旬に中国地方、近畿地方、東海地方、関東甲信地方を結ぶ地域に達する。その後、北陸地方、東北地方を北上し、4月下旬から5月上旬に北海道地方に達する。

提供：気象庁

用語解説

◆本文と用語解説にのっている言葉を解説しています（あいうえお順）。

■ **オゾン層** …………………………………7

地球をつつむ大気の層の１つ。成層圏（地上から約10〜50kmの高さの部分）内、15〜30kmに分布する。太陽からの紫外線を吸収しているが、1980年頃からオゾンの減少が問題となっている。

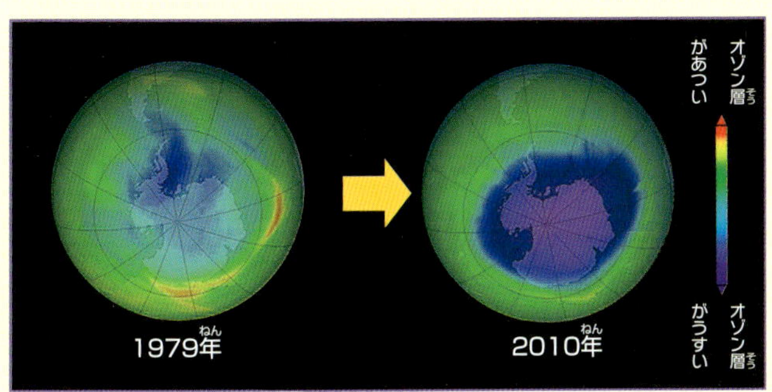

©NASA Earth Observatory

■ **気化熱** …………………………………27

液体の物質が気体になるときにまわりからうばう熱のこと。

■ **黄砂** …………………………………29

中国内陸部やゴビ砂漠やタクラマカン砂漠などの砂が、まいあがって空をおおう現象。

■ **コロンブス** …………………………………22

1451年？〜1506年。イタリア出身の探検家、商人。ヨーロッパから大西洋を渡り、当時のヨーロッパ社会においてはじめて北アメリカ大陸を「発見」したとされる。

■ **重力** …………………………………10

地球上の物体が地球の中心から受ける力。多くの場合、地球上の物体にはたらく万有引力と、地球の自転によって生じる遠心力をあわせたものをいう。

■ **セルシウス** …………………………………8

1701年〜1744年。スウェーデンの天文学者。世界初の実用的な温度計を考案したとされる。

■ **停滞前線** …………………………………32

同じくらいの強さの暖気と寒気が、ほとんど移動しない状態でぶつかった場合にできる。雲のようすと雨のふりかたが温暖前線に似ているが、東西に長くのびる傾向がある。

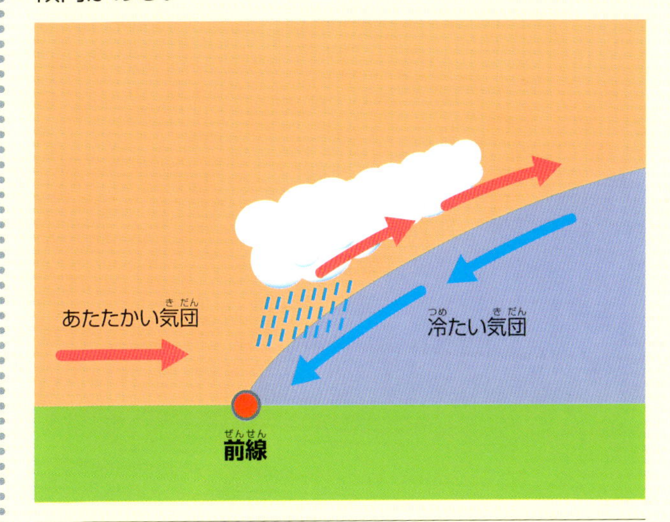

■ **ハドレー** …………………………………14

1685年〜1768年。ジョージ・ハドレー。イギリスの法律家で気象学者。1735年にイギリスの王立協会（科学者団体の最高峰）の会員となった。

■ **ファーレンハイト** …………………………………8

1686年〜1736年。グダニスク（現・ポーランド領）に生まれ、主にオランダで活躍した物理学者。アルコール温度計、水銀温度計をつくり、さまざまな液体の沸点を計測した。

■ **ラジオゾンデ** …………………………………23

気圧や気温、湿度などの気象要素を測定するセンサーを搭載し、測定した情報を送信するための無線送信器をそなえた気象観測器。

◆さくいんの言葉は、大見出しごとにページをのせています（用語解説にのせている言葉をのぞく）。

■ 監修

田代大輔（たしろ　だいすけ）

1972年、東京都生まれ。NPO法人気象キャスターネットワーク事務局次長、気象予報士、防災士。慶應義塾大学環境情報学部卒業後、1995年に財団法人日本気象協会に入る。1999年から8年間、NHKニュース「おはよう日本」の気象キャスターをつとめる。2008年からはNPO法人気象キャスターネットワーク事務局に職をうつし、講演やイベントの企画調整などを担当。みずからも身近な天気の話題から防災、地球環境などに関するさまざまな講演を行っている。2013年から、とちぎテレビの気象キャスターも担当している。主な著書には『お天気歳時記』（NHK出版）がある。

■ 編さん／こどもくらぶ

「こどもくらぶ」はあそび・教育・福祉分野で、子どもに関する書籍を企画・編集するエヌ・アンド・エス企画編集室の愛称。小学生の投稿雑誌「こどもくらぶ」の誌名に由来。毎年約100タイトルを編集・制作している。

作品は「世界にほこる日本の先端科学技術（全4巻）」（岩崎書店）、「見たい！ 知りたい！ フロンティア探検（全3巻）」（WAVE出版）、「ジュニアサイエンス これならわかる！ 科学の基礎のキソ（第1期、全4巻）」「ジュニアサイエンス 南極から地球環境を考える（全3巻）」（ともに丸善出版）など多数。

■ 企画・制作・デザイン／エヌ・アンド・エス企画
吉澤光夫

■ 写真協力

©7activestudio, ©Andrey Khritin, ©Gorilla, ©J-F Perigois, ©Minerva Studio ©Pierre-Jean DURIEU, ©Tsuboya, © valdezrl - Fotolia.com
©Katrina Brown | Dreamstime.com

■ 資料

国立天文台 編『理科年表 平成27年版』

この本の情報は、2014年12月現在のものです。

ジュニアサイエンス
これならわかる！　科学の基礎のキソ　気象

平成27年 1月25日　発　行

監　修　田　代　大　輔

編さん　こ ど も く ら ぶ

発行者　池　田　和　博

発行所　丸善出版株式会社
〒101-0051 東京都千代田区神田神保町二丁目17番
編集：電話(03)3512-3265／FAX(03)3512-3272
営業：電話(03)3512-3256／FAX(03)3512-3270
http://pub.maruzen.co.jp/

組版・株式会社エヌ・アンド・エス企画／
印刷・三美印刷株式会社／製本・株式会社松岳社

ISBN 978-4-621-08883-8 C8344　Printed in Japan
NDC451/48p/27.5cm × 21cm